PARIS

BUREAU DE LA REVUE DES EAUX ET FORÊTS

RUE FONTAINE-AU-ROI, 12

1870

ÉTUDE

SUR

LA PRODUCTION DU CHÊNE

ET SON EMPLOI EN FRANCE

ÉTUDE

SUR

LA PRODUCTION ET L'EMPLOI DU CHÊNE

EN FRANCE

L'Ecole forestière reçut au mois d'août dernier pour la première fois la visite de M. Faré, directeur général des forêts. Dans la vive sollicitude qu'il voulut bien témoigner à maintes reprises pour les progrès de l'Ecole, M. le directeur général fut surpris d'apprendre que les professeurs chargés du cours d'économie forestière ne connaissaient en France que les forêts dont par hasard le service leur avait été confié avant leur entrée à l'Ecole comme professeurs; il décida immédiatement qu'ils emploieraient leur premier mois de liberté à visiter quelques-unes des principales forêts de France.

Chargés de cette mission pleine d'intérêt, nous proposâmes de consacrer ce temps à l'étude du chêne. De toutes les essences forestières de la France, le chêne est de beaucoup la plus répandue et la plus importante par ses qualités et ses usages. Notre pays, dont la configuration, le relief et les limites sont si variés, dont les sols et les climats sont si divers qu'il forme comme un abrégé de l'Europe entière, notre France possède un certain nombre d'espèces de chênes très-différentes. Chacune d'elles est cantonnée pour ainsi dire dans sa région. Cependant, par une heureuse exception, la plus précieuse de toutes, celle qui comprend les deux races dites *chêne rouvre* et *chêne pédonculé* se trouve représentée dans toutes les parties de la France; elle n'y fait défaut que dans les montagnes les plus élevées, dont l'altitude dépasse en moyenne 1 000 mètres. Ces deux arbres sont pour nous *le chêne* par excellence; aussi, en langage usuel, le nom générique de *chêne* leur est-il réservé, tandis que les autres espèces se désignent communément par un nom spécial : le *tauzin*, l'*yeuse* ou *chêne vert*, le *liége*, le *kermès*, etc.

La diversité des climats et des sols où végète le chêne et les différents traitements auxquels il est soumis en rendent l'étude longue et difficile. La marche la plus simple à suivre en pareil cas était de débuter par l'observation des faits les plus marquants, les mieux caractérisés, et ce sont les régions dont le chêne est l'essence principale et presque exclusive qu'il convenait d'interroger les premières ; c'est le centre même de la France, le bassin de la Loire. D'autre part, les forêts traitées en futaie sont celles qui se rapprochent le plus de l'état naturel et donnent, à surface égale, les produits les plus importants ; cette même région est encore de toutes les parties de la France celle qui possède le plus de futaies de chêne. On les trouve notamment dans le Bourbonnais, le Blésois, la Touraine, l'Anjou, le Maine et le Perche. Ces provinces étaient tout naturellement indiquées pour une première étude.

Les taillis sous futaie, en raison de leur étendue, constituent notre principale richesse forestière et forment la généralité des forêts de bois feuillus dans le Nord et l'Est ; mais là, le chêne est mélangé d'une grande proportion d'autres essences. Dans le centre, les taillis sous futaie sont formés, de même que les futaies, de chêne très-dominant : ainsi dans la grande forêt d'Orléans et dans certains lambeaux des bois qui couvraient autrefois la Sologne. .

Les taillis simples, trop nombreux encore, surtout dans le Midi, où ils sont constitués principalement par l'yeuse et le tauzin, se retrouvent un peu partout ; mais c'est dans le Nord, dans la région des Ardennes, que le taillis simple forme la masse des forêts, couvrant presque toute la contrée et exclusivement par du chêne.

Ces considérations ont déterminé notre itinéraire forestier. Nous y avons ajouté une excursion à Cherbourg et au Havre, où le bois s'emploie dans les constructions navales sous toutes ses formes. Nous avons donc visité : dans le département de l'Allier, les forêts de Moladier, Bois-Plan, Bagnolets, Dreuille et Tronçais ; dans le Loiret, la forêt d'Orléans ; en Loir-et-Cher, les forêts de Blois, Russy, Boulogne et le domaine impérial de la Motte-Beuvron ; dans l'Orne et la Sarthe, les forêts de Bourse, de Bellême et de Perseigne ; enfin dans les Ardennes, les forêts communales de Fumay, de Revin et la forêt domaniale de Manise.

Grâce à la bonne amitié des camarades que nous avons été heureux de rencontrer sur notre route, grâce aux renseignements de tout genre qu'ils nous ont donnés et à leur empressement à nous rendre l'étude facile et agréable, nous avons pu voir beaucoup en peu de temps, apprendre des choses qu'on ne trouve pas seul en traversant une forêt, et remporter de notre tournée le meilleur souvenir. Nous les en remercions de tout cœur.

NOTICE

SUR LES DIFFÉRENTES RÉGIONS VISITÉES

ET SUR LES FORÊTS ÉTUDIÉES DANS CHACUNE D'ELLES.

Le Bourbonnais.

La portion du département de l'Allier comprise entre les rivières de l'Allier et du Cher renferme toutes les futaies de chêne de l'ancien Bourbonnais qui ont été conservées jusqu'à nous. Cette région, peu étendue, mesure environ 70 kilomètres du sud au nord, des montagnes de l'Auvergne, au centre desquelles s'élève le Puy-de-Dôme, jusqu'aux plaines basses du Berry; sa largeur, de l'est à l'ouest, entre les deux rivières, est en moyenne de 50 kilomètres. Il s'y trouve encore 23 700 hectares de forêts domaniales; ce sont pour la plupart des massifs de futaie pleine assez bien distribués dans le pays compris entre Montluçon, Gannat, Moulins et Saint-Amand. Le revenu moyen de ces forêts pendant les six dernières années a été de 1 135 000 francs, soit 48 francs par hectare.

Ce petit pays, faisant l'angle nord-est du plateau central, présente lui-même dans son ensemble une sorte de plateau légèrement incliné, dont l'altitude moyenne est de 500 mètres environ dans la partie méridionale et de 300 mètres seulement vers le nord. Son relief est accidenté, surtout au sud, et les petites rivières qui le sillonnent coulent dans des vallons sinueux et profonds.

Le sol, presque partout siliceux, est en général granitique; cependant la formation triasique qui termine le plateau central au nord y est assez largement représentée. C'est un pays de grande propriété, où le métayage est encore en vigueur. Les terres sont closes par des haies dont le chêne fait presque tous les frais, et il n'est pour ainsi dire pas un champ qui ne soit orné, même dans son intérieur, de quelques arbres de cette essence; ils fournissent des branchages pour l'entretien des haies, brisent les vents, donnent des glands presque chaque année et offrent de l'ombre aux bestiaux. Mais il est à regretter que tous ces chênes soient traités en têtards au lieu d'être simplement soumis à l'émondage. Leur grand nombre et leur présence sur tous les points portent à croire que ce pays n'était il y a quelques siècles qu'une vaste forêt de chêne. Dépourvus de chaux et trop humides, les terrains convenaient peu à l'agriculture et, il y a vingt années seulement, on n'y cultivait guère que le seigle, l'avoine et les pommes de terre. Les bruyères, les genêts et les ajoncs couvraient de grandes surfaces, et la terre en culture valait 500 francs l'hectare. Il n'en est plus ainsi, grâce à l'emploi général de la chaux, et souvent aussi, en terrain très-humide, du phosphate de chaux. Le froment, l'avoine, le seigle et les pommes de terre s'y succèdent et donnent de bons rendements ; ainsi le blé, au lieu de 15 à 16 hectolitres à l'hectare, en donne 24 en moyenne et parfois jusqu'à 30. Les terres se payent 1 000 à 1 200 francs l'hectare, et le département de l'Allier produit, dit-on, dix fois plus en valeur. Les bois de ses forêts sont aussi d'autant plus recherchés que la richesse générale s'accroît davantage, et le prix du chêne s'est élevé en trente ans de 20 à 60 francs le mètre cube.

La forêt de Moladier, contenant 838 hectares, est située au sud-ouest de Moulins, sur le plateau dont l'Allier baigne la base. Son altitude est de 150 mètres au-dessus de cette rivière et de 350 mètres au-dessus du niveau de la mer. La vigne est cultivée aux alentours. Le terrain, formé par la décomposition sur place d'un granit (pegmatite) très-riche en feldspath, a une grande profondeur, 1 mètre et plus au-dessus de la roche solide dont il provient. C'est une argile douce divisée par du sable siliceux souvent très-fin. Ce sol, qui retient bien son eau, est humide et parfois même avec excès ; il est fertile comme sol forestier et convient parfaitement au chêne. En mélange avec quelques hêtres et charmes, celui-ci constitue des massifs en général bien pleins, réguliers, et d'une assez belle végétation. Ainsi au canton Courtais une belle futaie de chêne, âgée de cent soixante et dix ans, dont les arbres ont $0^m,60$ à $0^m,80$ de diamètre à hauteur d'homme et 18 mètres de fût, fournit tout à la fois un beau tableau et d'utiles enseignements. Quelques hêtres et de rares charmes ont été conservés en mélange avec le chêne. Un sous-bois de hêtre, clair et haut de 2 à 3 mètres, s'est produit sous le couvert élevé de la futaie. On le conserve précieusement, ainsi que les houx, abondants sur beaucoup de points, tout en regrettant de n'avoir pas dans le massif une proportion suffisante de hêtres en mélange, un cinquième par exemple, dans ces terrains peu riches par eux-mêmes. La qualité de ces chênes est bonne ; ils donnent du merrain solide et fournissent à la marine des bois précieux. Cependant ils ont des accroissements annuels d'une épaisseur tout au plus moyenne, leur végétation en massif serré et à peu près pur ayant été assez lente ; mais leur bois est bien lignifié, ses tissus bien nourris, et la zone de gros vaisseaux peu apparente dans chaque couche. Les peuplements de cette forêt sont en général bien constitués, à peu près réguliers et d'un bel avenir. Il faut cependant en excepter le canton du Prieuré, où des exploitations en taillis remontant à cinquante ans n'ont donné que des peuplements sans avenir. On constate aussi dans la forêt de Moladier un fait des plus regrettables, c'est le défaut de bois d'âges moyens. Après l'exploitation des 130 hectares de vieille futaie encore sur pied, on ne trouvera plus que des bois dont les plus vieux, âgés aujourd'hui de soixante ans, ne sont encore que de simples perches. Ce résultat des anciennes exploitations à tire et aire suivies d'un recepage est très-fréquent dans les forêts du Centre. Nous verrons quels sont les moyens d'en atténuer les inconvénients.

La petite forêt de Bois-Plan, 209 hectares, voisine de celle de Moladier, se trouve sur le même sol et dans des conditions à peu près semblables ; mais les massifs y sont formés de chêne pur : on n'y voit plus *qu'un seul* gros hêtre, dernier représentant des vieilles générations de cette essence. Le charme en est de même à peu près absent. Les peuplements sont moins réguliers et moins pleins qu'à Moladier, les arbres sont moins gros à âge égal, et par suite leur bois est plus tendre. Un restant de vieux massif, des perchis et de tous jeunes bois couvrent encore seuls, et sans que les âges moyens y soient représentés, le petit bassin légèrement déprimé vers son centre qui forme la forêt de Bois-plàn.

La forêt de Bagnolets, d'une étendue de 1 656 hectares, est située au nord-est de Moulins, en plaine et à environ 250 mètres d'altitude, soit 50 mètres seulement au-dessus des prairies de l'Allier. Le sol est un terrain sédimentaire se rattachant à la formation du terrain tertiaire moyen ; ce sont des sables argileux provenant des granits désagrégés et transportés. La terre végétale a ici une très-grande profondeur ; mais elle est peu perméable, froide, bonne cependant comme sol forestier, quoique dépourvue de chaux. Sa qualité varie d'ailleurs avec la grosseur du sable. Le hêtre et le charme entrent ici pour un cinquième environ dans la composition des massifs, où le chêne est toujours très-dominant. Ce dernier y végète bien, et l'on trouve encore dans les vieilles futaies des chênes réservés autrefois dans les exploitations à tire et aire, et qui mesurent 1 mètre, 1^m,20 et jusqu'à 1^m,40 de diamètre. Il est vrai qu'ils sont généralement courts de fût et riches en branches. Les vieux bois formaient récemment encore au canton de la Coulette des peuplements irréguliers, clairiérés et en mauvais état, au-dessus de fortes bruyères qu'un couvert incomplet n'avait pu faire disparaître depuis la dernière exploitation à tire et aire, il y a de cela plus d'un siècle. C'est qu'ici l'excès d'humidité et le développement des bruyères soumettent la régénération, qu'il faut obtenir complète et régulière, à de grandes difficultés. Les exploitations à blanc étoc de l'ancien tire et aire ne permettaient pas toujours de les surmonter. Il n'en est plus de même. Ainsi la partie la plus humide et la plus dégradée, le domaine des plus épaisses bruyères a été exploité depuis quelques années à la naissance de l'étang de la Coulette, et, grâce à des travaux bien suivis, on y trouve aujourd'hui sur une grande surface de superbes fourrés et gaulis de chêne. Le sol est maintenant bien couvert et rétabli en bon état de production. L'exécution prudente des trois coupes de régénération permettra facilement d'obtenir encore les mêmes résultats dans le restant des vieux bois et de rétablir partout le mélange du charme et du hêtre. Ce dernier, qui sur certains points s'est réintroduit peu à peu dans des peuplements clairs, y affecte la forme pyramidale, aux branches étalées et aux larges feuilles, qu'il prend souvent sous le couvert incomplet des chênes et des pins ; il protége ainsi très-bien le sol trop peu couvert. En dehors des 300 à 400 hectares de bois mûrs qui restent encore dans la forêt de Bagnolets, le surplus ne présente, comme les forêts de Moladier et de Bois-Plan, que des perchis et de tout jeunes massifs. Au traitement déjà difficile de cette forêt vient donc s'ajouter encore de ce chef une difficulté d'aménagement presque insurmontable.

La forêt de Dreuille, d'une contenance de 1349 hectares, se trouve en plaine, à l'est de Cosne et en haut du bassin de l'Aumance, affluent du Cher. Son altitude est d'environ 300 mètres. Le sol qu'elle recouvre appartient à la bande de terrain triasique qui termine le plateau central vers le nord ; c'est du grès bigarré dans ses couches les plus anciennes, les premières que l'on trouve en descendant des terrains primitifs sur lesquels il repose ici directement. La terre végétale est très-argileuse, imperméable, et recouvre à une profondeur de 1 mètre en moyenne un soussol formé d'arkoses, grès très-grossiers, ferrugineux et fortement cimentés, qui affleurent sur quelques points. Ici la bourdaine est abondante et la bruyère extrêmement développée dans les vides. Le chêne forme encore l'essence dominante dans la forêt de Dreuille, mais le hêtre y est plus répandu qu'aux environs de Moulins ; il entre dans la constitution générale des massifs pour les deux dixièmes et forme en certains cantons des sousbois complets. Très-abondant sur les points où le terrain est un peu surélevé, dans les dépressions au contraire il cède la place au charme, assez répandu d'ailleurs. Le tremble et le bouleau, par leur abondance relative, manifestent aussi la différence du sol avec celui des forêts de Moladier et de Bagnolets. A côté de beaux perchis de chêne bien mélangés avec des essences auxiliaires, hêtre ou charme, on rencontre dans cette forêt des futaies de cent vingt à cent trente ans, dont les arbres élancés, mais d'un faible diamètre, ont peu d'avenir par suite de l'état serré dans lequel ils ont toujours vécu. D'autres massifs, recépés autrefois, sont fort irréguliers et leur exploitation hâtive sera forcée par suite de leur état et du défaut de bois d'âges moyens ; les jeunes chênes bien venants qu'ils renferment, disséminés au milieu des rejets de souches, des charmes et des essences secondaires, seront alors en pleine croissance ; à l'aide de quelques soins ils pourront être réservés lors de l'exploitation du massif et maintenus chacun jusqu'à sa maturité.

Au nord de la forêt se trouvent les Brandes de Vieurs, qui occupent une centaine d'hectares. C'est un terrain dévasté de longue date par les abus du pâturage, envahi depuis lors par des bruyères hautes et épaisses (la bruyère des Brandes), mélangées d'ajoncs et parsemées de bouleaux rachitiques. Ces brandes ont été restaurées en partie déjà et seront bientôt complétement rendues à la production. On en concède le terrain par petits lots pour deux ou trois ans aux gens du voisinage qui en font la demande. Ils le défrichent, le plantent, y font deux récoltes de seigle, puis le sèment de glands. Les plantes envahissantes sont ainsi complétement extirpées par la culture et le terrain reboisé sans frais aucuns de la part de l'Etat. Quand la bruyère reparaît après quelques années, les jeunes chênes, qui ont de l'avance, parviennent bientôt à *s'en arracher* en s'élançant, suivant l'expression locale. Ces concessions à charge de repeuplement sont d'ailleurs une ressource pour les populations pauvres ; elle sont donc utiles à tous, et donnent ici d'excellents résultats.

La forêt domaniale de Tronçais présente un des plus beaux massifs qui restent en France. Elle couvre 10433 hectares au nord et à l'est du bourg de Cérilly, qui en est tout voisin. La route impériale de Bourbon-l'Archambault à Saint-Amand la traverse dans sa largeur, et précisément dans quelques-unes de ses plus belles parties. Elle est située en plaine sur un terrain à larges mouvements, à une altitude de 250 à 300 mètres. Ses eaux descendent vers le nord-est, et servent à l'alimentation du canal du Berri. Dans la plus grande partie de son étendue, cette forêt repose, comme celle de Dreuille, sur un grès analogue au grès bigarré, mais sur les couches les plus récentes et les plus fertiles de cette formation. En quittant la forêt du côté du nord, on descend immédiatement par une pente rapide sur les terrains calcaires plus récents, et l'on tombe bientôt, à 120 ou 150 mètres plus bas, sur le canal du Berri. La forêt de Tronçais se trouve donc à la naissance même du premier gradin du plateau central et, pour ainsi dire, en corniche au-dessus des plaines basses du Berri. Comme toutes les forêts domaniales du Bourbonnais, elle provient du domaine des ducs de Bourbon confisqué par François Ier, en 1537, après la défection du trop fameux connétable.

Le terrain formé d'argile divisée par un sable abondant, et en certains points par du gravier, est néanmoins à peu près imperméable, sauf dans la couche superficielle. Il est froid, très-profond, et c'est en quelques points seulement qu'on rencontre de vrais bancs de grès rocheux, très-peu épais d'ailleurs et n'apparaissant qu'à 1 mètre au moins de profondeur. Excellent pour la forêt, ce sol est tout au plus médiocre pour les cultures agricoles. Par exception, l'un des cantons se trouve sur les terrains primitifs, porphyres et eurites, qui ailleurs n'affleurent qu'au fond de quelques vallons. Des bruyères épaisses, des ajoncs, petit et grand, de hautes fougères, des ronces très-développées ou de fortes bourdaines s'emparent rapidement du sol, suivant son état de richesse et d'humidité, dès qu'il est découvert. Mais les essences forestières y montrent aussi une grande puissance. Le chêne d'abord, qui est très-dominant et forme même des massifs purs, y arrive aux plus belles dimensions. Le hêtre, abondant aussi et occupant exclusivement le sol sur certains points, les plus pauvres en général, montre ailleurs une végétation magnifique. Le charme, qui se retrouve à peu près partout, bien qu'en moins forte proportion, se maintient jusqu'à l'âge de cent cinquante ans et plus, même après avoir subi le traitement le plus barbare, l'étêtement de ses branches principales il y a un demi-siècle. Le bouleau, très-fréquent, orne les jeunes peuplements, et donne plus tard du bois de sabotage très-recherché dans le Bourbonnais. L'aune occupe des bas-fonds aquatiques. Le pin sylvestre, semé de main d'homme il y a un tiers de siècle sur certaines brandes déboisées, en a chassé la bruyère et a reconquis ainsi pour le chêne, qui commence à se réinstaller sous son couvert, des terrains dont celui-ci avait été dépossédé.

Les massifs ont une origine et des aspects très-différents. Deux petites rivières transversales, le ruisseau de Marmande et celui de Sologne, partagent le Tronçais en trois parties : la section A vers l'est, la section B au centre, et la section C vers l'ouest. Les sections A et C ont été exploitées en taillis à la fin du siècle dernier pour fournir du combustible aux forges du voisinage. Ces exploitations ont cessé depuis 1835, mais elles avaient dégradé plus des deux tiers de la forêt, ruiné le sol en certains points et créé sur de vastes étendues des peuplements sur souches qui, âgés aujourd'hui de trente-cinq à quatre-vingts ans, ont peu d'avenir et ne donneront jamais que des bois d'assez faibles dimensions, des produits de second ordre. La partie centrale, la section B, qui formait la réserve de Tronçais, tranche complétement par son aspect et ses produits avec les deux extrémités de la forêt. C'était il y a trente-cinq ans une vieille futaie s'étendant sans interruption sur 3 000 hectares. Depuis lors il en a été exploité la moitié, qui a fait place à de jeunes bois âgés d'un à trente-cinq ans sur 1 500 hectares ; l'ensemble de ces fourrés et gaulis, en chêne mélangé d'une petite proportion de hêtre et charme, est bien constitué et montre une très-belle végétation. Le carrefour dit *Rond de la Cave* forme ainsi un cirque forestier des plus remarquables. L'hémicycle sud est fermé par une haute muraille de futaie mûre que les exploitations vont atteindre; les cimes des vieux hêtres, des chênes et des charmes, fatiguées par le vent depuis l'exploitation des parties voisines, témoignent de la protection qu'elles fournissent aux massifs cachés derrière elles. L'hémicycle nord est clos par de jeunes bois de vingt-cinq ans ; serrées entre elles, les perches de chêne s'y élancent rapidement, aussi hautes au moins que les hêtres et dominant les jeunes charmes. On est là sur la ligne des exploitations.

Les 1 500 hectares régénérés au nord sont partout aussi bien venants, sauf dans les bas-fonds, environ 300 hectares, où les gelées nuisent beaucoup aux semis, exposés qu'ils y sont pendant tous les mois de l'année.

Les vieux massifs restant au sud, sur environ 1 450 hectares, ont de cent cinquante à deux cents ans. Ils sont partout d'une grande richesse. C'est d'abord le canton du Pendu, très-irrégulier, peuplé de gros hêtres, de charmes têtards et de chênes énormes, laissant entre eux des vides comblés par un sous-bois de hêtre datant de soixante ans ; à cette époque la marine a exploité les plus beaux chênes de ce canton, mais elle en a laissé encore sur chaque hectare une trentaine peut-être, dont plusieurs mesurent aujourd'hui plus de 1 mètre de diamètre.

C'est ensuite le canton du Trésor. Sur une étendue de 93ʰ,65, il porte une vieille futaie de chêne pur; elle a deux cents ans et comprend cent trente-cinq arbres par hectare ; leur diamètre à la base est en moyenne de 0ᵐ,70, leur fût sous branches de 18 mètres, et leurs derniers bourgeons se développent à 30 mètres au-dessus du sol ; c'est là certainement un chef-d'œuvre de la nature et il est d'une imposante majesté. Cette futaie, née au temps du grand Colbert, évoque les souvenirs d'un passé déjà lointain; elle fait songer à la solidarité des générations qui se succèdent sur le sol de la patrie, y laissant là des ruines, ici des richesses précieuses. Le volume du matériel ligneux est à l'hectare de plus de 500 mètres cubes, dont les deux tiers en bois d'œuvre, et le tout d'une valeur dépassant 20000 francs. Il est cependant un reproche à faire à ces beaux arbres ; leur bois est tendre et il se débite très-bien en merrain, mais celui-ci n'est pas d'une grande qualité ; les constructions navales ne les emploient pas, leur bois n'étant pas assez fort, parce qu'ils ont crû trop lentement, en raison de leur état serré et en massif de chêne pur. On peut, à vrai dire, regretter qu'ils soient trop hauts et trop nombreux, et il est certainement possible d'obtenir mieux. — Le canton de Morat présente des massifs de cent soixante ans encore plus serrés, formés de chênes rouvres de 0ᵐ,50 de diamètre à la base, 20 mètres de fût et 24 mètres de bois d'œuvre, ayant très-peu de cime, et dont l'aspect d'ensemble rappelle celui d'une sapinière. Un sous-bois de hêtre et de houx, incomplet sous cet épais massif, montre qu'on aurait pu le desserrer peu à peu sans danger dès sa jeunesse.— Au canton de la Plantonnée les chênes âgés de cent cinquante ans sont encore plus hauts, plus grêles et plus nombreux ; ce n'est plus un massif de sapin, c'est une futaie d'épicéa que rappelle ce canton. Sur le sol, peu de chose ; des touffes de houx et de fragon disséminées et, par places, des semis de hêtre étiolés. Tous ces massifs se suivent et forment un magnifique ensemble. On peut faire en core, du pavillon du Tronçais jusqu'à Richebout, à travers les vieilles futaies de chêne et sans les quitter, une promenade de 7 à 8 kilomètres.

C'est trop peu cependant que 1450 hectares de vieilles futaies sur l'étendue totale de la forêt. Il est clair en effet que pour exploiter sans intervalle des bois de cent quatre-vingts ans et donner à chaque période de trente ans, à chaque génération, la part qui lui revient dans l'usufruit de la forêt, les bois de cent cinquante à cent quatre-vingts ans devraient occuper toujours la sixième partie de l'étendue, soit au Tronçais au moins 1700 hectares. Et, de plus, ici encore les bois d'âges moyens, de quatre-vingts à cent cinquante ans, font complétement défaut. Aussi l'aménagement tout récent de la forêt prescrit-il très-sagement de conserver pour la seconde période de trente ans, pour la génération qui nous suivra, 550 hectares des vieilles futaies capables de prospérer jusque-là. Nos successeurs auront probablement le plus grand besoin de ces produits qui, d'ailleurs, gagneront d'ici là en diamètre, en utilité et en valeur ; l'exploitation de ces bois heureusement ménagée permettra de laisser mûrir les bois d'âges moyens ; enfin l'industrie, le commerce et l'agriculture continueront à trouver sans interruption dans cette grande forêt des produits de même nature. Il n'est pas jusqu'aux fendeurs de merrain, population fixée au sol de la forêt, dont la condition serait profondément troublée le jour où cesserait brusquement le travail qui les fait vivre.

En raison de la constitution défectueuse des peuplements sur les deux tiers de la forêt, le volume des bois exploités annuellement n'a été en moyenne, pendant les vingt dernières années, que de 32000 mètres cubes dont un quart donnait du merrain, un huitième environ du bois d'œuvre de second ordre, et le surplus du bois de feu. La valeur du bois à merrain est, sur pied, de 55 à 60 francs le mètre cube; celle du hêtre et des petits chênes, de 20 à 25 francs; et celle du bois de feu de 4 fr. 50 en moyenne, soit environ 2 fr. 75 le stère. Aussi le revenu en argent, dont le bois de feu, malgré sa quantité, ne forme qu'une faible part, ne peut-il s'élever qu'à 55 ou 60 francs par hectare aux prix actuels, jusqu'à ce que le matériel de la futaie régulière soit constitué.

Les merrains de l'Allier s'expédient en masse, sauf la consommation locale, sur la basse Loire, Angers, Nantes et les Charentes. Les forêts domaniales de l'Allier livrent annuellement 16 600 mètres cubes de chêne, qui se débitent en merrain et valent sur pied 1 million de francs. Ils donnent pour 9 mètres cubes un millier de deux mille trois cents pièces réduites, soit en somme dix-huit cent cinquante milliers par an; c'est le merrain capable de loger (mais assez mal en raison du peu d'épaisseur de ce merrain, 0m,012 seulement) 400 000 hectolitres de vin en pièces de 228 litres. Ce n'est là en somme que le tiers du merrain nécessaire aux deux départements des Charentes.

Les bords de la Loire et la Sologne.

La forêt d'Orléans, la plus grande de France, s'étendait il y a deux siècles sur 70 000 hectares; il lui en reste encore aujourd'hui 32 000. Située en plaine, au nord de la Loire, entre Orléans, Gien et Pithiviers, elle couvre le seuil à peine sensible qui sépare en ce point le bassin de la Loire de celui de la Seine, et dont l'altitude ne dépasse guère 100 mètres. C'est une région spéciale qui appartient au terrain tertiaire moyen, mais présente des caractères tout particuliers. S'étendant sur environ 90 kilomètres de longueur parallèlement au cours de la Loire, et sur 15 à 18 kilomètres de largeur entre les riches alluvions du val de Loire et les plaines fertiles de la Beauce, elle appartient à la même formation géologique que celles-ci, mais sa nature minéralogique est tout autre.

La plaine calcaire est recouverte ici d'un puissant dépôt, essentiellement argileux, souvent mélangé de sable et complétement dépourvu de pierres. Ainsi un puits ouvert à la maison forestière de la Bretonnerie jusqu'à une profondeur de 20 mètres a percé d'abord 5 à 6 mètres d'argile compacte, puis 2 mètres de sable blanc assez fin, puis 10 à 12 mètres de marne très-dure, et enfin le tuf; l'eau trouvée à cette profondeur y forme une nappe, mais ne s'élève pas dans le puits. La terre végétale, dont l'épaisseur au-dessus de l'argile compacte varie de 0m,15 à 0m,50, n'est autre que l'argile elle-même, mélangée souvent de sable et toujours de débris organiques végétaux; le sable pur se présente parfois à la surface en petits dépôts. Cette région, bien que différente de la Sologne proprement dite, peut être considérée comme la Sologne du nord de la Loire. Son terrain, compacte, imperméable, infertile par lui-même, est impropre à l'agriculture sans d'énormes travaux et des frais qui certainement en dépasseraient la valeur; mais il est parfaitement apte à la production du chêne. Comme un certain nombre de nos grandes forêts de chêne (ainsi la forêt de Chaux, dans la vallée de la Saône, et la forêt de Haguenau, dans celle du Rhin), la forêt d'Orléans se trouve au milieu des plaines; à proximité d'un fleuve et de voies de transport de tous genres, routes, canaux et chemins de fer, elle occupe, en une situation admirable au point de vue de la distribution des bois de feu comme des bois d'œuvre, un sol naturellement destiné à en produire.

C'est le chêne pédonculé et le charme qui sont ici les deux essences principales, les deux grandes essences de la forêt. Le rouvre y est néanmoins répandu et le hêtre même s'y rencontre sur quelques points. Les chênes y ont une végétation assez rapide, les accroissements annuels assez larges et un bois de bonne qualité, propre aux grandes constructions et à peu près à tous les emplois. Il y a cependant quelques reproches à leur faire. La zone des gros vaisseaux est assez large dans chaque couche annuelle, ce qui diminue la solidité du bois et peut avoir sur sa conservation une influence fâcheuse; d'autre part, les chênes sont assez souvent lunés, comme il arrive en terrain humide, sous un climat parfois rigoureux. Mais le vice essentiel de la forêt d'Orléans est dans la constitution de ses peuplements et dans le régime qui leur a été appliqué. Depuis plusieurs siècles, elle est traitée en taillis, et les révolutions ont été abaissées de trente à vingt-cinq, et même pour certaines parties à vingt ans. Sous ce régime, elle s'est appauvrie graduellement, comme en général les taillis des terrains argilo-siliceux. Le charme s'est bien maintenu en mélange avec le chêne là où l'argile est divisée par du sable; ailleurs, le chêne est à peu près pur et souvent mal venant; certaines parties même ont été envahies par la bruyère. Aussi les produits, qui dans l'inspection d'Orléans sont encore par hectare et par an de 4 mètres cubes, comprenant à peine 5 décistères de bois d'œuvre, ne donnent-ils guère que 30 francs de revenu par hectare. C'est peu certainement pour une forêt domaniale, parce que la plupart de ces forêts ont un sol en bon état et des peuplements assez bien constitués; mais c'est en définitive la production moyenne de nos taillis sous futaie; c'est plus que dans la plupart des taillis des particuliers, et c'est trop pour la forêt d'Orléans qu'il faut transformer et refaire. On y arrivera certainement, malgré les difficultés de tous genres que présentent le traitement et l'administration de cette forêt, en revenant graduellement au régime de la futaie. C'est heureusement ce qui a été entrepris depuis vingt-cinq ans; depuis lors, on a mis successivement en réserve près de 3 500 hectares de taillis, dont quelques-uns ont soixante ans aujourd'hui. Ces derniers approchent de leur maturité et seront bientôt remplacés par de jeunes peuplements de futaie qui couvriront et amélioreront le sol indéfiniment pour ainsi dire. La mise en réserve temporaire d'autres portions de taillis permettra de transformer ainsi la forêt de proche en proche. L'intervalle de temps qui s'écoulera jusqu'à la conversion complète en futaie régulière exigera au moins cent cinquante ans, toute une révolution de futaie. Mais les parties où l'exploitation en taillis sous futaie se continuera provisoirement seront soumises à une révolution prolongée ; puis surtout elles seront enrichies par la réserve de tous les arbres capables de se maintenir trente ou quarante ans, jusqu'à l'exploitation suivante. C'est là le point capital, comme dans la plupart de nos taillis. L'aménagement à peine achevé de cette grande forêt et les travaux des agents chargés de l'appliquer ont aujourd'hui pour objet cette heureuse transformation.

Les vides occupés par la bruyère et disséminés sont rapidement reconquis à l'aide du pin sylvestre. Cette précieuse essence s'emploie dans la forêt d'Orléans sur une grande échelle. On l'obtient dans des pépinières où les pins, semés en bandes étroites, réussissent à merveille. Ils sont bons à planter à l'âge de deux ans et ne coûtent que 0 fr. 50 le mille, graine non comprise. Leur plantation, qui se fait de la manière la plus simple, à l'aide de trois coups de pioche seulement pour chaque plant, est ainsi peu dispendieuse et ne revient guère qu'à 5 francs le mille. Si l'on n'emploie que dix mille plants par hectare, il est difficile de reboiser à moins de frais. On obtient ainsi de très-beaux peuplements de pin. Au canton de Cercœur, par exemple, des pins de huit à dix ans, entremêlés de chênes dégradés par les gelées et de bouleaux grêles, forment un fourré bien complet et d'un bel avenir. Le canton d'Ambert, peuplé d'un perchis de pin âgé de trente-cinq ans et déjà éclairci, montre les résultats que peut donner dans la plupart des vides l'emploi de cette essence. Sous ce perchis, dans le sol amendé par les pins, de jeunes chênes ont été plantés il y a trois ans ; défendus contre les gelées, ils sont en excellent état et se tireront parfaitement d'affaire, pourvu qu'on ne les découvre que peu à peu. Il y a plus encore : entre ces plantations se sont produits des semis naturels de chêne déjà nombreux provenant de glands apportés du voisinage par les geais, les pigeons et autres animaux. C'est ainsi que le plus souvent, par l'action seule des forces naturelles, les essences spontanées se réintroduisent d'elles-mêmes sous le couvert léger des pins âgés de trente à cinquante ans. Ceux-ci, employés comme essence transitoire, et inaptes à donner hors de leur région naturelle des produits de premier ordre, sont destinés à disparaître graduellement dès qu'ils ont rempli leur utile fonction.

La réserve *absolue* dans toutes les coupes de tous les arbres non encore mûrs, et l'emploi partiel et temporaire du pin sylvestre dans les vides, tels semblent en résumé les deux moyens principaux et, peut-être, suffisants à eux seuls pour assurer et hâter la conversion en futaie de la forêt d'Orléans. Ils permettront de rétablir en excellent état ce grand massif qui, tout en donnant chaque année les produits disponibles, peut devenir un jour une des plus belles forêts de France.

D'Orléans à Blois, le chemin de fer traverse, à 10 kilomètres seulement de cette dernière ville, le grand parc du château de Ménars. Il est complétement entouré de murs et appartient au prince de Chimay. Des deux côtés de la voie, sur des calcaires apparents dans la tranchée, s'élève un jeune taillis de chêne surmonté d'un magnifique ensemble de chênes réservés dans les exploitations précédentes. Ces arbres sont remarquables par leur très-grand nombre, leur belle hauteur, les fortes dimensions de beaucoup d'entre eux et leur bonne végétation. Les fûts en sont parfaitement nettoyés de branches gourmandes. Seuls des chicots conservés à la suite d'élagages de branches basses déparent ces beaux arbres en même temps qu'ils peuvent leur être très-nuisibles. Ce taillis sous futaie semble donc bien traité, en excellent état, et contraste par là-même, et surtout par son splendide balivage, avec la pauvreté de la plupart de nos taillis, même en dehors des terrains où le calcaire fait défaut. Ici, en effet, on a compris que ce sont les arbres surtout, et non pas le sous-bois, qui donnent à un taillis sous futaie la richesse en même temps que la beauté. L'utile et l'agréable paraissent s'y trouver réunis, grâce à quelques soins, la nature se chargeant du reste.

Ce sont encore de vrais parcs que les forêts domaniales du Blésois, et en parcourant les magnifiques allées qui les sillonnent, il est impossible de ne point songer au temps où François Ier chassait sous leurs ombrages. Il n'y a de cela, d'ailleurs, que deux âges de chêne, et sans doute quelques-uns des plus vieux représentants de cette essence ont vu passer autrefois le roi chevaleresque. L'Etat et la couronne ne possèdent plus aujourd'hui que 11 900 hectares de forêts dans le département de Loir-et-Cher. Les trois principaux massifs sont ceux de Blois, de Russy et de Boulogne.

La forêt de Blois se trouve à la porte même de la ville, à 3 kilomètres du château. Elle occupe 2750 hectares sur la rive droite de la Loire, dans l'angle compris entre ce fleuve et la rivière de la Cisse, un de ses affluents. C'est un plateau élevé de 50 à 60 mètres au-dessus du fleuve et de 120 au-dessus du niveau de la mer. Le sol appartient encore au terrain tertiaire moyen ; il est formé d'une argile graveleuse et même très-riche parfois en gravier de toutes grosseurs, jusqu'à celle des rognons jaunâtres qui servent à empierrer les routes et sont connus sous le nom de *jard* sur les bords de la Loire. Les routes de la forêt de Blois sont même empierrées avec les silex qu'elle fournit. Ce terrain argilo-siliceux, couvert sous les massifs de chêne pur d'une mousse légère, s'assèche bien et a une fertilité moyenne. Il permet la culture agricole dans d'assez bonnes conditions. Cependant sa végétation spontanée ne se distingue ni par le nombre des espèces ni par une grande activité. Le chêne, le charme et le hêtre, comme essences principales; le saule, le tremble et le bouleau comme essences accessoires, quelques bruyères, genêts et houx comme arbustes : telles sont les principales espèces végétales que présente la forêt de Blois. Mais c'est le chêne, et généralement le chêne rouvre, qui règne en maître dans tous les cantons et frappe partout les yeux. On ne quitte la vieille futaie de chêne aux tiges élancées et nombreuses que pour entrer dans les perchis de chêne aux tiges plus nombreuses encore, et, sous les uns comme sous les autres dans toute la forêt, le sol est couvert de semis de chêne. Par intervalles, dans les trouées résultant des récentes exploitations, se présente un jeune massif, un bas perchis, un gaulis ou un épais fourré de chêne. Le hêtre et le charme se rencontrent bien encore un peu partout à l'état d'arbres rares, de perches disséminées ou de sous-bois. On les conserve précieusement aujourd'hui et l'on cherche même à en assurer la reproduction en mélange dans une juste mesure ; mais il n'en a pas toujours été ainsi, et peu s'en est fallu que le chêne ne restât seul dans la forêt. Le saule, assez répandu dans les jeunes bois, n'a pas de longévité et disparaît bientôt ; le tremble est peu abondant et le bouleau, ne rencontrant pas ici des conditions aussi favorables que le chêne, lui cède partout la place libre dès un âge peu avancé. Les arbustes sont de même assez rares et d'un faible développement.

Ce qu'il y a de plus remarquable dans la forêt de Blois, en dehors de sa beauté, c'est la consistance des peuplements et la gradation des âges. Partout les massifs sont complets et à peu près réguliers. Les vieilles futaies de cent soixante-quinze ans comptent jusqu'à deux cents chênes à l'hectare. Ces arbres, de $0^m,60$ de diamètre en moyenne au canton des Corbins par exemple, ont 17 mètres de fût et 25 à 30 mètres de hauteur totale. A première vue, en raison des grandes surfaces qu'embrasse l'œil sous le massif, et par suite des hauteurs égales qui ne donnent pas de repère, on est porté à croire ces arbres moins hauts qu'ils ne sont. Il faut les mesurer abattus et couchés sur le sol pour les bien apprécier. Les plus beaux chênes de ces futaies, dans des massifs de deux cents ans, au canton des Tesnières par exemple, ont rarement un diamètre dépassant $0^m,70$ à hauteur d'homme ; il faut en excepter quelques rares et vieilles réserves de l'ancien tire et aire, qui arrivent à $0^m,90$ et même 1 mètre de diamètre. En certains points même, ainsi au canton des Pauverts, on exploite des chênes dont le diamètre est tout au plus de $0^m,45$ à $0^m,50$. A la suite des futaies se trouvent les perchis, parfois admirables ; ainsi à la Charmoie, sur un versant exposé à l'ouest et un sol formé de rognons de silex avec un peu d'argile en mélange, s'élève un magnifique perchis âgé d'une centaine d'années, trois cent cinquante arbres à l'hectare, $0^m,32$ de diamètre en moyenne et 20 mètres au moins sous branches ; en sous-étage, du hêtre encore rare et du houx, l'un et l'autre soigneusement ménagés dans la dernière éclaircie. Tous les perchis ne sont point aussi beaux. Souvent même les peuplements âgés de quatre-vingts à cent ans proviennent en grande partie de rejets de souches. Ce fait est dû ici encore à des recepages qui ont suivi les exploitations à tire et aire. A cela près, on voit à Blois la futaie régulière, fait unique peut-être pour les futaies de chêne. Cette forêt se trouve en effet divisée par l'aménagement en cinq séries, dont les quatre premières présentent chacune toute l'échelle des âges de un à cent cinquante ou deux cents ans. La dernière série seule, d'une étendue de 500 à 600 hectares, est dépourvue de bois tout jeunes ainsi que de vieux bois.

Les exploitations annuelles comprennent 6325 mètres cubes de produits principaux, c'est-à-dire de gros arbres, et, d'après la moyenne des neuf dernières années, 2700 mètres cubes de produits accessoires provenant des éclaircies. Le revenu de la forêt de Blois s'élève en moyenne à 270000 francs par an. C'est un revenu moyen de 98 francs par hectare pour toute la forêt. Mais quant aux 2200 hectares couverts de futaies régulières et qui fournissent à eux seuls les 6325 mètres cubes de produits principaux dont environ 4450 de bois d'œuvre, et 2100 mètres cubes de produits accessoires, le tout d'une valeur de 260000 francs, ils donnent un revenu de 118 francs par hectare, représenté pour les quatre cinquièmes par 2 mètres cubes de bois d'œuvre. Nous avons constaté que les futaies de Tronçais, dont le matériel est incomplet, ne donnent par hectare que 1 mètre cube de gros chêne, bien que le sol y soit plus fertile qu'à Blois, et que la forêt d'Orléans, traitée de longue date en taillis sous futaie, ne pourra plus en fournir d'ici à longtemps même un demi-mètre cube.

Les chênes de 0m,50 à 0m,60 de diamètre qui tombent sous la hache dans la forêt de Blois ont en moyenne un volume total de 3 mètres cubes, dont près des trois quarts en bois d'œuvre. Celui-ci, généralement employé à la fabrication du merrain, vaut sur pied 60 francs le mètre cube, bois rond, parfois 65 et même jusqu'à 70. Ce bois n'est pas cependant de bien bonne qualité; ses accroissements n'ont guère en moyenne que 0m,001 d'épaisseur, et il est fort tendre ; mais les vaisseaux en sont très-fins, et il est d'une fente admirable. On abuse naturellement de cette qualité pour faire du merrain trop mince, de 0m,01 d'épaisseur. Les futailles qu'il donne ne sont pas solides, ne durent que quatre ou cinq ans, et laissent le vin s'évaporer très-rapidement. Mais le débit donne ainsi très-peu de déchet : il suffit de 7 mètres cubes et demi pour faire un millier de merrain et fabriquer les fûts qui logeront 250 hectolitres. Le marchand de bois y trouve du bénéfice ; le vigneron qui vit au jour le jour paye ses fûts à bas prix ; puis le chêne est si rare ! Le débit le plus important dans la forêt de Blois après le merrain, c'est le débit en échalas de vignes, bien qu'il ne consomme à vrai dire que les rebuts et les petits bois. La marine prend aussi des chênes dans cette forêt ; mais leur bois n'est pas assez solide pour qu'elle puisse l'employer sans danger à d'autres usages que ceux de la menuiserie. A ceux-ci il convient parfaitement, comme les chênes de montagne, à grain fin, avec lesquels il a beaucoup d'analogie. En 1868 on a débité un certain nombre de chênes de la forêt de Blois en bois de wagons ; cependant leur tissu n'a pas la solidité si désirable pour ce genre d'emploi. Un lot de coupe, comprenant cent cinquante arbres de choix, des chênes de cent quatre-vingts ans, mesurant 0m,60 à 0m,70 de diamètre, à exploiter en coupe définitive, a été vendu 22000 francs. Ce prix moyen de 150 francs l'arbre n'est que celui des sapins dans les belles forêts du Jura. Ici donc, comme à Tronçais, il faut le dire encore, nos chênes pourraient donner de meilleurs produits et des bois plus utiles. Néanmoins on doit rendre à la forêt de Blois le témoignage qu'elle mérite. Par ses revenus et la nature de ses produits, par son essence et la richesse de ses massifs, par sa situation au cœur de la France et au bord d'un grand fleuve qu'elle domine, par ses routes admirables et par sa beauté, c'est une forêt splendide, une vraie forêt de roi.

La forêt de Russy ne le cède guère à celle de Blois. Située en face de celle-ci, de l'autre côté de la Loire et à une altitude un peu moindre, elle lui fait pour ainsi dire pendant sur la rive gauche. Comprenant 3 188 hectares en plaine, elle forme un beau massif compris entre le Cosson qui coule ici déjà dans le Val de Loire, et le Beuvron qui descend du centre de la Sologne. Le sol est encore, sur la plus grande étendue de la forêt, de l'argile divisée par du jard très-abondant; imperméable néanmoins, il est souvent mouillé et exposé par suite à des gelées printanières presque annuelles. Cette argile, en couche superficielle d'un mètre au plus et souvent moins, fait même défaut dans certaines parties. On y creuse des puits perdus pour assainir, et l'extraction des souches suffit souvent à découvrir la roche calcaire sous-jacente. Cependant le sable de Sologne se montre déjà sur l'argile en dépôts partiels, et l'on peut dire que la forêt de Russy est à l'entrée de la Sologne de ce côté. Les calcaires sous-jacents appartiennent au terrain crétacé inférieur qui, à la hauteur de Blois, est fortement entaillé sur les deux versants du Val de Loire. Ils affleurent même dans certains cantons de la forêt de Russy, dont le sol est alors superficiel et se garnit d'épines noires au lieu de bruyères. En tous cas la présence de cette base minéralogique exclut le bouleau de toute la forêt.

Le charme et le hêtre sont abondamment mélangés ici aux chênes pédonculé et rouvre, dans les vieux massifs aussi bien que dans les semis et fourrés produits sous leur couvert : ainsi aux cantons des Ventes-Fessées et de l'Etoile, sous des massifs de cent cinquante ans ; de même, au canton des Aubépins, calcaire comme son nom le fait pressentir, près de l'emplacement où nos pères ont campé en 1815, dans le camp dit *de la Loire*, le charme mélangé de chêne et de hêtre forme de superbes fourrés et gaulis. Cette essence, que précédemment nous avons vue se répandre surtout dans les parties humides des terrains argileux, est ici favorisée par la richesse que l'élément calcaire ajoute au sol.

Les peuplements sont en général moins réguliers et moins beaux à Russy qu'à Blois. Les résultats défectueux du tire et aire, dans des conditions de végétation moins bonnes en définitive, y sont aussi plus marqués. Les parties qui ont été recepées sont non-seulement sur souches, mais parfois encore pauvres en chêne. Les arbres, un peu moins gros au même âge que dans la forêt de Blois, ont un bois encore plus tendre. On y compte de sept à quinze couches annuelles par centimètre de rayon, et les vaisseaux bien ouverts rendent ce bois très-poreux. Les volumes des exploitations et le revenu sont un peu plus faibles que dans la forêt de Blois, bien que l'étendue soit plus grande. Le traitement est aussi beaucoup plus difficile.

La forêt de Boulogne, à quelques kilomètres à l'est de celle de Russy, placée comme elle entre le Cosson et le Beuvron, se trouve en pleine Sologne. La plus grande partie du parc de Chambord, celle qui s'étend au sud du Cosson, derrière le château, n'est aussi qu'une forêt et à été certainement découpée autrefois dans le massif de Boulogne. La forêt de l'Etat comprend encore 3 980 hectares. Elle est située, à 100 mètres d'altitude à peine, dans une plaine humide, mais non pas encore dans la région des étangs. Il serait peut-être plus vrai de dire que la forêt occupe le sol au lieu et place des étangs qu'on aurait établis là, comme aux alentours, si elle eût été détruite. Une argile sablonneuse et semée de graviers blancs pour la plupart, grise ou jaune, mais d'une teinte toujours claire, mouillée en hiver, sèche en été, tel est le terrain de Boulogne ; il appartient à la formation de la Sologne et, par lui-même, il est à peu près infertile. Cependant, grâce à l'argile, le chêne peut s'y développer ; grâce à l'eau, le charme peut y croître. Mais ils s'y trouvent en des conditions difficiles.

Les 4 000 hectares de Boulogne sont aujourd'hui en chêne pur. A la suite des coupes à tire et aire et du traitement ancien, le charme en a disparu ; il n'a plus laissé que quelques représentants attestant encore qu'il y a existé, qu'il y a même une grande longévité et qu'il peut s'y multiplier. Au temps où François Ier construisait Chambord, dont les magnifiques charpentes, en chêne et non point en châtaignier, comprennent des pièces de 0^m,60 d'équarrissage sur 12 mètres de longueur, qu'étaient les peuplements des forêts d'alentour ? Il est fort à croire que ces charpentes ont été prises dans la forêt même et probablement dans les futaies du parc. Aujourd'hui celui-ci est exploité en taillis ; les arbres en ont à peu près disparu ; les taillis eux-mêmes s'en vont et déjà, sur de grandes étendues, ils ont été remplacés par le pin maritime, expatrié, qu'on coupe à trente ans quand il n'est pas mort plus jeune. Combien l'historique des forêts ne fournirait-il pas d'utiles enseignements ? Ainsi, le traitement que réclame la forêt de Boulogne serait écrit dans son histoire. Le charme y fait partout défaut. Les vieux bois y ont été exploités d'une manière à peu près complète, il y a un demi-siècle ; les peuplements d'âges moyens sont aujourd'hui très-dominants, et dans les plus vieux massifs de chêne, qu'on exploite de cent vingt à cent vingt-cinq ans, à cent ans même, comme à la Billoterie, les arbres n'ont guère que 0^m,40 et parfois même 0^m,30 de diamètre. Ils ont crû trop serrés, dans un sol tassé et appauvri, ou bien, par exception, à l'état d'arbres isolés, comme se présente à l'entrée de la forêt, près du village de Mont, un peuplement clairiéré dont l'aspect rappelle un pâturage.

Dans toute la forêt de Boulogne, la végétation est d'une extrême lenteur, et cela date de loin. Des réserves du tire et aire âgées de cent quatre-vingts ans n'ont que 0^m,40 de diamètre. Des perches sur souches âgées de quatre-vingt-dix ans n'ont que 0^m,25 à 0^m,30. C'est la végétation du mélèze dans les Alpes à 1 800 mètres ! Aussi les longues allées droites qui desservent la forêt sont-elles monotones et tristes. A droite et à gauche on laisse indéfiniment des perchis de chêne absolument pur, maigres et grêles, dont les arbres sont même souvent mal conformés. Le regard plonge au loin dans des massifs sous lesquels rien n'arrête la vue. Sur le sol durci, de larges et épaisses plaques de mousse ; parfois quelques fougères là où la lumière est plus abondante ; la vie végétale semble à demi éteinte. A découvert, dans les coupes, la grande bruyère des brandes et le petit ajonc reparaissent abondants, eux qui font complétement défaut à Blois et à Russy. Le rouvre, qui couvre le sol moins mal que le pédonculé, est tou-

2

jours moins laid que lui ; mais il est loin de suffire à conserver la fraîcheur en été et à donner l'engrais naturel indispensable.

Le parc de Chambord montre donc que le traitement en taillis amène ici la ruine presque immédiate des massifs, et la forêt de Boulogne semble établir la nécessité presque absolue du charme en mélange abondant avec le chêne dans cette région de Sologne dont le hêtre est à peu près exclu.

Malgré toutes ces causes de pauvreté, la forêt de Boulogne donne encore annuellement 6 444 mètres cubes de produits principaux, soit en moyenne 4 495 mètres cubes de bois d'œuvre chêne et 1 949 de bois de feu. C'est par hectare 1 mètre cube de bois d'œuvre chêne. La valeur sur pied de ce bois d'œuvre est en moyenne de 35 francs le mètre cube, et celle du bois de feu de 5 fr. 50 le stère, soit 8 ou 9 francs le mètre cube plein. Le revenu total de la forêt de Boulogne est de 207 000 francs, dans lesquels les produits des éclaircies sont compris pour 30 000 francs. C'est encore 52 francs de revenu moyen par hectare, et en pleine Sologne !

La Sologne forme au centre même de la France une région naturelle marquée de traits caractéristiques. Autrefois bien boisée, elle fut riche et prospère. Dénudée graduellement depuis trois cents ans, elle était devenue au commencement de notre siècle un pays désolé ; les bruyères avaient remplacé les chênes, les fièvres paludéennes étaient en permanence au milieu des populations et la misère se trahissait partout. Aujourd'hui, grâce à d'intelligents et généreux efforts, la Sologne commence à se relever ; les brandes disparaissent peu à peu, reconquises à la forêt par le pin sylvestre ou à l'agriculture par la chaux ; la misère diminue rapidement ; malheureusement les étangs persistent encore.

Cette région forme au sud de la Loire et dans la grande courbe que décrit ce fleuve en passant à Orléans une sorte de losange allongé de l'est à l'ouest ; s'étendant sur environ 70 kilomètres du nord au sud, entre Orléans et Vierzon, et sur une centaine de kilomètres de l'est à l'ouest, elle comprend 460 000 hectares, la cent vingtième partie de la France, entre le Val de Loire, le Cher et les calcaires du Berri. C'est une plaine mouvementée, dont les points les plus élevés atteignent jusqu'à 200 mètres ; les plus bas, vers l'ouest, ne s'abaissent guère au-dessous de 60. Les trois rivières de la Sologne descendent parallèlement de l'est à l'ouest ; le Cosson, qui passe à Chambord, et le Beuvron, plus central, se jettent presque au même point dans la Loire ; la Sauldre, principal cours d'eau de la Sologne, arrose Romorantin, sa capitale, avant de se jeter dans le Cher. Ces rivières sont bordées sur chacune de leurs rives d'une lisière de prairie. Le surplus du pays est couvert de cultures encore interrompues par des brandes parsemées d'étangs, et entrecoupées par les débris des anciennes forêts ou par des bois de création nouvelle.

De l'argile et du sable quartzeux, l'un et l'autre purs ou bien mélangés dans les proportions les plus diverses, et variables d'un point à l'autre, tels sont les éléments essentiels et constants du terrain de la Sologne. Ils forment tout à la fois la base minéralogique qui a une grande puissance, et la terre végétale résultant de l'action même des végétaux qui l'ont précédemment occupée et divisée en y mêlant du terreau. Des cailloux abondants sont généralement répandus dans les sables, et parfois l'oxyde de fer agglutinant ceux-ci en forme une sorte de grès friable mais rebelle à la culture. Ce sol, plat sur de grandes étendues, formant ailleurs des ondulations qui ont jusqu'à 30 à 40 mètres de hauteur, est imperméable, sauf dans les taches de sable pur. Suivant les saisons, il apparaît noyé ou aride. Au temps de François Ier, il y a trois cents ans, il était encore en majeure partie couvert de bois ; le surplus se partageait entre deux cultures principales, les céréales et la vigne. Aujourd'hui encore on boit du vin blanc de Sologne, mais le pays n'en produit guère plus. Au commencement du siècle, les landes et les bruyères d'une part, les terres en culture ou en jachère d'autre part en occupaient les quatre cinquièmes, qu'elles se partageaient en parties à peu près égales. Les prairies, les étangs et des bouquets de bois couvraient le surplus. Pour régénérer la Sologne il fallait lui rendre ses bois. Les forêts de chêne qui la couvraient autrefois, en utilisant les plus mauvais terrains, y maintenaient pendant l'hiver l'eau suspendue pour ainsi dire dans leurs détritus étendus sur le sol ; elles y conservaient la fraîcheur en été, ravivaient constamment l'air qu'infectent les délaissés des étangs, abritaient les cultures et les restreignaient aux bons sols. De là le remarquable programme proposé en 1850 par M. Brongniart : rendre 300 000 hectares à la culture des bois, et réduire les cultures agricoles à 100 000 hectares, le surplus, 40 000 hectares, restant aux prairies naturelles, aux chemins, landes et étangs. C'est aussi l'exemple salutaire qu'a voulu donner l'Empereur en achetant, au cœur même de la Sologne, les domaines de la Motte-Beuvron et de la Grillière, 3 400 hectares, dont aujourd'hui 1 700 hectares déjà sont parfaitement boisés, et dont bientôt 2 000 le seront entièrement. Les bons exemples donnés aussi par des propriétaires intelligents et dévoués à leur pays ont fait leur chemin. La surface boisée a doublé depuis 1850.

Les principales essences spontanées en Sologne sont avant tout les chênes, rouvre et pédonculé, puis le bouleau, qui se jette partout, le charme très-rare aujourd'hui, et enfin, de loin en loin, quelques pieds de hêtre. Les bois traités en taillis ne montrent partout que du chêne ; les cépées en restent souvent isolées au milieu des bruyères, puis dépérissent et doivent être renouvelées sans cesse. Les arbres de réserve, peu nombreux et de faibles dimensions, se trouvent mal de ce régime ; d'ailleurs on les exploite jeunes. Le meilleur moyen de combler dans ces taillis les vides sans cesse renaissants est de planter des pins dans les clairières ; grâce à leur végétation rapide, ils dépassent bientôt en hauteur les cépées voisines, ils tuent la bruyère, amendent le sol, puis le chêne reparaît sous leur abri. La plupart des taillis de récente origine ont même été créés sous le couvert léger des pins. Enfin ceux-ci sont cultivés pour eux-mêmes sur une grande échelle. Exploités vers l'âge de trente ans, ils sont souvent remplacés par un nouveau semis de pin immédiatement ou après quelques cultures agricoles. Celles-ci permettent même d'obtenir à peu de frais et de la manière la plus sûre des reboisements complets et rapides. Ainsi l'on sème le bois, chêne ou pin, après trois cultures dont la dernière, en sarrasin et par petits billons, a rendu le sol meuble et propre. La récolte faite, on répand à la volée sur chaque hectare 5 hectolitres de glands de chêne rouvre ou 5 kilogrammes de graines de pin sylvestre, et l'on fait passer la herse. Au printemps suivant on voit les jeunes chênes disposés par bandes dans les sillons, ou les pins disséminés et encore peu apparents. Les semis ainsi effectués ne coûtent guère que 50 francs par hectare, et le domaine impérial de la Motte-Beuvron en présente de très-beaux exemples. Le bouleau se jette souvent dans ces semis; on l'y introduit même par plantations. C'est un bon mélange; par sa croissance rapide il s'élève bientôt au-dessus des chênes qu'il protége dans leur premier âge contre les gelées en les abritant; son couvert est d'ailleurs si faible, qu'il ne leur nuit pas d'une manière sensible, et il augmente au début la production ligneuse. En mélange avec les pins, il attire les oiseaux qui font la guerre aux insectes. Le seul reproche à faire ici à ce mélange, c'est qu'il est insuffisant pour couvrir et amender le sol. Partout en Sologne le chêne rouvre donne de meilleurs résultats que le chêne pédonculé; il faut en excepter cependant les alluvions au bord des rivières; ainsi devant le château impérial s'étend une magnifique prairie qu'embellissent de gros chênes jetés çà et là. Les pédonculés y sont aussi beaux que les rouvres et y croissent peut-être plus vite; mais ce n'est pas là une terre à bois.

Le pin sylvestre, qui se présente partout en Europe depuis l'extrême nord jusque sur l'Etna, pourvu que le sol soit siliceux et le climat rude et éclairé, est préférable en Sologne au pin maritime. Celui-ci, qui a des exigences bien plus spéciales, est exposé à de grands dégâts de la part des insectes et à des maladies particulières; puis il dépérit plus tôt et couvre le sol plus mal encore que le pin sylvestre.

Ces bois de la Sologne, taillis de chêne ou pineraies artificielles, donnent des produits fort appréciés; ce sont des bois de feu que le chemin de fer d'Orléans transporte jusqu'à Paris. Près des gares, ils valent jusqu'à 6 francs le stère sur pied; le revenu qu'ils procurent peut s'élever à 30 francs par hectare et par an, tandis qu'en Sologne les terres ne se louent que 20 francs en moyenne, et les étangs ne rapportent guère plus. L'avantage que présentent ces derniers est surtout de n'être point, comme les terres, chargés de maisons de ferme.

Tout avantageuses que soient et pour les propriétaires et pour le pays ces cultures forestières qu'on peut appeler industrielles, leurs résultats ne sauraient être mis en balance avec ceux que donnerait la forêt naturelle et indigène, la futaie de chêne. Sur le domaine impérial, et à 1 500 ou 1 800 mètres au nord du village de la Motte, se trouvent encore quelques ares d'une futaie de chêne rouvre de quatre-vingts ans; ce sont de jeunes et beaux arbres dont le développement serait assuré s'ils couvraient une grande surface au lieu d'être réduits à un bouquet ouvert à tous les vents, et dont la végétation assez bonne serait excellente s'ils avaient du charme ou du hêtre parmi eux. Sur d'autres points encore on voit en Sologne quelques derniers débris de la futaie de chêne, tous les jours de plus en plus rares. Que n'occupe-t-elle les 200 000 hectares qui sont encore à reboiser suivant le programme de M. Brongniart! Ces terrains, qui valent de 250 à 500 francs l'hectare, et en somme de 50 à 100 millions tout au plus, que produiraient-ils s'ils étaient couverts de futaies régulières? A raison de 2 mètres cubes de bois d'œuvre chêne par hectare, 400 000 mètres cubes par an. C'est le merrain que nous achetons à l'étranger, que nous lui payons 50 millions de francs et qu'il ne nous fournira pas longtemps.

Les environs d'Alençon.

La ville d'Alençon se trouve dans une situation géologique, géographique et forestière très-curieuse. Elle est située précisément sur la ligne qui sépare les terrains primaires du plateau armoricain des terrains secondaires formant la ceinture du bassin de Paris, les granits d'un côté, les calcaires de l'autre. De plus, elle occupe le centre d'une plaine qu'entourent des collines isolées entre elles et formées de terrains d'âges bien différents, porphyres, schistes et grès primaires, calcaires des terrains secondaires et mollasses. L'altitude d'Alençon n'est que de 136 mètres ; mais le pays voisin s'élevant au nord de la ville jusqu'à 250 mètres, sépare les eaux qui descendent vers le nord de celles qui coulent vers le midi. Les bassins différents ont motivé la division en provinces, et la ville d'Alençon se trouve justement entre la Normandie au nord et le Maine au sud ; encore aujourd'hui le département de l'Orne et celui de la Sarthe sont séparés entre eux par la rivière de Sarthe, qui arrose Alençon même. De plus, le terrain crétacé qui se montre vers l'est, à quelques pas de la ville, et s'épanouit dans le petit bassin de l'Huisne, constitue une région nouvelle. C'était aussi une province, le Perche, qui s'étend à partir d'Alençon jusqu'au delà de Nogent-le-Rotrou, sa principale ville ; il forme entre Mortagne et Bellême, autrefois sa capitale, un charmant pays, frais et bien planté, le bocage percheron. Cette région des environs d'Alençon, que se partageaient ainsi la Normandie, le Maine et le Perche, est un pays d'agriculture et de prairies bien plus qu'un pays forestier. Seulement les collines voisines d'Alençon ainsi que celles du Perche sont couvertes de forêts ; les bois couronnent donc les hauteurs en y formant des masses assez importantes, et occupent ainsi les terrains les moins propres à la culture agricole. Il est difficile de concevoir une meilleure distribution des forêts au double point de vue du climat et du sol.

Ces forêts appartenant à l'Etat comprennent, dans un cercle de 30 kilomètres de rayon, dont le centre se trouve entre Alençon, Mortagne et Mamers, environ 20,000 hectares. Toutes celles où le régime de la futaie a été maintenu de longue date présentent des massifs bien pleins et sont en excellent état de production ; là au contraire où le régime du taillis a été appliqué dans ces terrains siliceux, il a produit de tout autres résultats. Ainsi dans la grande forêt d'Ecouves, qui a une étendue de 7500 hectares, les vides occupent près de moitié de la surface, et la principale tâche de l'administration actuelle est d'y réparer les désastres causés par les exploitations antérieures.

Le climat de la région est déjà celui de la Normandie, tempéré, mais frais ou humide. L'atmosphère est souvent brumeuse, les froids prolongés, le printemps tardif; les gelées printanières y sont néanmoins fréquentes. La vigne n'y mûrit pas, et ce sont les pommiers qui donnent la boisson nationale. Le hêtre est resté fort abondant; il entre pour un bon tiers dans la composition des massifs de futaie. Les herbages et les cultures se partagent le terrain dans le bocage du Perche.

La forêt de Bourse, entre Alençon, Séez et Mortagne, comprend cinq petits massifs, d'une étendue totale de 1190 hectares. Trois d'entre eux se trouvent dans la plaine, à 150 mètres d'altitude, au nord de la route d'Alençon à Mortagne; les deux autres s'étalent un peu plus au nord en coteaux arrondis et sont exposés généralement au sud et s'élèvent jusqu'à 200 et quelques mètres. Le sol est une tache de terrain tertiaire moyen, déposé au milieu des terrains jurassiques qui s'étendent dans la plaine. Il est généralement argilo-siliceux, divisé par de petites pierrailles et mélangé sur les coteaux d'un sable abondant. Les cantons en plaine, plus humides, ont des charmes et des bois blancs plus nombreux, mais aussi plus de myrtilles, de houx, de fougères et même de bruyères. Les terres labourables qui les entourent valent en moyenne 1400 francs l'hectare, rapportant 38 francs par an, soit 2,7 pour 100. Le sol des coteaux est du grès à grains très-fins, mélangé d'un quart environ d'argile, très-profond, portant des massifs de chêne et hêtre superbes, d'où le nom de *Montmirel* donné à l'un d'eux; l'autre coteau, dont le terrain est mélangé de pierres de grès assez abondantes, a reçu le nom de *Montperroux*.

La forêt de Bourse forme deux séries aménagées depuis 1859 à la révolution de cent quatre-vingts ans; on y exploite chaque année, en produits principaux, 2272 mètres cubes et 10 hectares 52 ares de taillis dont les coupes ne seront plus que temporaires. La valeur de ces produits sur pied a été en 1868 de 93000 francs pour les produits principaux de futaie, et de 8000 francs pour les coupes de taillis, à quoi il faut ajouter environ 20000 francs pour les produits des éclaircies. Le revenu s'est donc élevé en somme à 120000 francs, soit un peu plus de 100 francs par hectare. C'est peut-être beaucoup dans l'état actuel de la forêt. Les bois d'âges compris entre cent cinquante et cent ans font défaut à Bourse comme dans beaucoup d'autres forêts du centre et de l'ouest. Ce n'est pas qu'on n'ait point exploité à l'époque correspondante; les coupes à tire et aire, c'est-à-dire à blanc étoc avec la réserve d'un certain nombre d'arbres, ont eu lieu alors comme précédemment; mais elles ont été suivies, à trente, quarante ou cinquante ans d'intervalle, de recepages qui se faisaient d'une manière assez générale il y a cinquante à cent ans; ils ont donné partout des résultats déplorables, entre autres celui que nous venons de constater ici encore. Ce fait, trop général dans ces régions, commande aujourd'hui l'économie la plus grande dans la disposition des produits. Sans elle en effet il arrivera dans vingt ou trente ans qu'en beaucoup de forêts les gros bois feront défaut; on n'y trouvera plus en fait de chênes que des arbres de cent à cent vingt ans, de 0m,30 à 0m,35 de diamètre. Quels produits donneront-ils? Et nos enfants seront-ils assez sages pour attendre pendant cinquante ans, *sans exploiter de produits principaux*, que ces chênes aient acquis toute leur utilité? Ils seraient alors tout autres que nous, si nous n'avons pas même su leur ménager les bois les plus nécessaires en restreignant notre usufruit. Mais non; ils ne se priveront pas, car ils auront besoin de bois plus que nous encore; ils exploiteront donc des bois trop jeunes et sur de grandes surfaces. L'appauvrissement de ces forêts progressera fatalement; bientôt à peine saura-t-on ce qu'elles peuvent produire, et leur ruine sera prochaine. Dès lors une des sources naturelles de richesse que la nature a données à la France sera tarie, et le sable de ses coteaux produira des bruyères.

C'est lui cependant qui nous donne aujourd'hui les chênes de Montmirel et de Montperroux. Sur la tête de Montmirel le coup de vent du 11 septembre dernier, qui a brisé tant de navires, a aussi déraciné un chêne. C'était une des réserves des coupes à tire et aire; il pouvait avoir deux cent cinquante ans. Son enracinement, largement développé, pénétrait à plus de 1 mètre de profondeur dans le sable argileux. Sa hauteur totale était de 38 mètres; son fût s'étendait sur 20 mètres de longueur et mesurait 1m,05 de diamètre au gros bout, 0m,72 au petit bout, cubant ainsi 120 décistères de bois d'œuvre ou 120 *marques*, suivant l'expression locale. Leur valeur est de 720 francs, celle de l'arbre entier de 800 francs, et il donnera 1700 mètres courants de planches à parquet, ou bien le bois de chêne nécessaire pour construire deux wagons. Sur pied, il se trouvait au milieu d'une belle futaie de chênes et hêtres de cent vingt ans, couvrant encore 50 hectares et semée de nombreuses réserves contemporaines du chêne renversé. Ce n'était pas le plus gros; quelques-uns d'eux mesurent jusqu'à 1m,40 de diamètre à la base. Un peu plus loin, en vue de la plaine du Perche, admirablement cultivée et riche en arbres fruitiers, s'élève comme une haute muraille le massif de la futaie en exploitation. Elle a cent soixante ans; les chênes et hêtres de 0m,50 à 0m,70 de diamètre, et 35 à 40 mètres de hauteur totale, sont au nombre de 150 à 200 par hectare, et parmi eux se voient encore quelques chênes de deux cent dix ans, dont la valeur arrive, pour les plus beaux, à 1000 et 1100 francs. Telles sont les richesses que nous devons reproduire pour un avenir éloigné, et que nous pouvons assurer, au moins dans une certaine mesure, aux générations qui nous suivront les premières, en ménageant aujourd'hui les bois exploitables et en conservant dans nos coupes tous les chênes encore jeunes.

La forêt de Bellême est plus belle encore que celle de Bourse. Elle s'étend sur 2446 hectares, à quelques kilomètres au sud de Mortagne, entre cette ville et celle de Bellême. Elle couvre une colline allongée de l'est à l'ouest. C'est encore un ilot de terrain tertiaire, formé, sur la majeure partie de sa surface, de sable mêlé d'une petite proportion d'argile et surtout de silex pyromaques très-abondants. Cette mollasse caillouteuse est déposée sur les marnes du terrain crétacé inférieur ; elle s'élève jusqu'à l'altitude de 230 mètres, à 70 ou 80 mètres au-dessus de la plaine, et s'étale en un plateau découpé par de petites vallées transversales. Ces grès sont d'autant plus fertiles qu'ils sont plus caillouteux. En dessous on trouve du sable pur, puis de l'argile noire, l'un et l'autre apparaissant en certains points de la forêt.

Celle-ci est aménagée en quatre séries de futaie à la révolution de deux cents ans, comme il convient ici pour obtenir des chênes de 0^m,80 de diamètre à la base. Aujourd'hui les âges des massifs sont répartis en somme de la manière suivante :

Les futaies de 125 à 200 ans s'étendent sur 350 hectares.			
—	de 100 à 125	—	156 —
—	de 75 à 100	—	550 —
—	de 50 à 75	—	122 —
Les bois de	25 à 50	—	538 —
Et ceux de	1 à 25	—	630 —

Il apparaît clairement par ces chiffres que les exploitations doivent comporter encore des ménagements. Elles comprennent actuellement 5 700 mètres cubes de produits principaux ; quant aux produits des éclaircies, qui, en 1868, ont parcouru 110 hectares, ils ont été cette même année de 5 500 mètres cubes. La valeur de ces produits sur pied est de 200 000 franc pour les coupes principales, et d'environ 50 000 francs pour les bois provenant des éclaircies. C'est donc en moyenne 5 mètres cubes de bois en grume, 110 francs de revenu brut et environ 100 francs de revenu net que donne par hectare la forêt de Bellême.

Les peuplements sont généralement réguliers, bien constitués, et le hêtre entre en mélange avec le chêne en moyenne pour les trois dixièmes. Le charme y est très-rare, tandis qu'à Bourse il abonde dans les cantons situés en plaine. Parmi les jeunes bois âgés de un à cinquante ans, se trouvent à Bellême environ 300 hectares de pins sylvestres semés en des parties autrefois ruinées. Sur d'autres points se voient des taillis sous futaie provenant d'un recepage réitéré après la coupe à tire et aire ; ainsi au canton de la Vallée-du-Creux, un taillis de chêne pur âgé de vingt-cinq ans, malingre, parsemé de quelques bouleaux et de rares chênes modernes, laissant apparaître la bruyère le long des sentiers, fait le plus triste contraste avec l'ensemble des futaies.

Celles-ci donnent les plus beaux résultats que l'on puisse obtenir sans coupes d'amélioration. Les arbres, chênes et hêtres, y atteignent 40 mètres de hauteur totale, dont en moyenne 27 sont propres à l'œuvre. Ainsi au canton Pont-à-la-Dame, au-dessus d'un sous-bois de hêtre assez complet, s'élève un massif de futaie des plus remarquables ; il couvre 52 hectares. Sur cette surface se trouvent 3 000 chênes et 6 000 hêtres de deux cents ans. Ils ont 25 mètres de fût sous branches et 35 à 40 mètres de hauteur totale. Le volume des chênes est de 15 000 mètres cubes, celui des hêtres de 18 000, et le volume total de 33 000, dont les trois quarts en bois d'œuvre. C'est à l'hectare 630 mètres cubes d'une valeur de 25 000 francs. L'un des plus beaux arbres de ce massif est un chêne de 1 mètre de diamètre, 22 mètres de fût sous branches, 28 mètres jusqu'aux secondes branches et 30 mètres au moins de bois d'œuvre. C'est la limite de la hauteur possible du fût des chênes.

Au canton de Châtellier se trouvent des futaies de cent soixante ans, un peu moins hautes, mais dont le bois a plus de qualité ; elles sont aussi plus riches en chêne, celui-ci formant jusqu'aux huit dixièmes du nombre des tiges sur certains points, et le sol étant recouvert en sous-étage par un magnifique sous-bois de hêtre de 6 mètres de hauteur. Un hêtre exploité au Châtellier, il y quelques années, a donné des produits qui ont été vendus, nous a-t-on dit, 1 100 francs.

De même, au canton du chêne Saint-Louis, en vue des plaines du Maine, de même aux Sablonnières blanches dans la deuxième série, au Hallet et au canton Plaisance se déroulent à la vue des futaies admirables où le chêne domine en nombre, mais dont le hêtre forme toujours un élément essentiel en mélange et en sous-bois. Le seul reproche que méritent ces futaies, c'est que les arbres y sont trop élancés ; ils ont crû trop serrés.

Mais les perchis ne laissent rien à désirer ; il n'est pas possible d'en voir de plus beaux que ceux de la vallée Saint-Ouen, du plateau du Châtellier et autres encore. Le chên en forme le principal élément et chacun des sujets d'avenir y est peu à peu desserré par les éclaircies ; le hêtre s'y trouve en mélange par taches ou par pieds isolés ; le charme et le sous-bois y sont aussi ménagés avec soin partout où ils se présentent ; ce sont eux qui plus tard permettront de donner à la cime des chênes tout l'espace qu'elle réclame.

Avec la réserve du Tronçais, la forêt de Bellême est certainement un des plus beaux types de futaie de chêne. Cependant ici encore les bois n'ont ni la force, ni le nerf, ni la durée des chênes qui ont crû à l'état isolé, sur les taillis par exemple, là où le sol comporte ce régime. Ils ont en moyenne huit couches au centimètre ; leur bois est très-tendre, mais de bonne fente et excellent pour la menuiserie. Ainsi à Bellême les gros chênes de qualité spéciale pour la fente sont pris par la boissellerie, débités en cerches à seaux, et se vendent pour cet usage jusqu'à 90 francs le mètre cube bois rond. En moyenne ceux de 0^m,70 de diamètre et au-dessus valent 65 à 70 francs le mètre cube, ceux de 0^m,50 à 0^m,70, 50 francs, et ceux de 0^m,30 à 0^m,50, 35 francs. Ils sont sciés la plupart en planches et frises pour Chartres, Orléans et toute la région comprise entre la Loire et la Seine ; on les emploie aussi en madriers, traverses et bois de charpente ; parfois on les débite en merrain pour fûts à bière et à cidre ; les rebuts donnent des lattes fendues et autres menus bois. Le hêtre s'emploie aussi beaucoup comme bois de fente, en cerches et merrain pour la boissellerie, et surtout en pelles et attelles de colliers ; pour ce dernier usage, qui exige des arbres de 0^m,70 de diamètre au moins, le hêtre se vend jusqu'à 32 francs le mètre cube ; en moyenne son prix est de 22 à 25 francs. On en fait aussi des sabots. Mais c'est surtout le bouleau, que nous allons trouver en masse à Perseigne, qui sert à ce dernier usage. Le tremble, qui s'exploite dans les nettoiements et éclaircies, se débite en allumettes. L'orme, assez commun à Bourse et dans les haies des terrains en culture, sert surtout au charronnage.

De Bellême à Perseigne, il n'y a qu'un pas. La colline de Perseigne semble même le prolongement naturel de celle de Bellême vers l'ouest. Mais c'est une tout autre région, un sol tout différent ; le climat seul et les essences restent à peu près les mêmes. La forêt de Perseigne, 5 080 hectares, se trouve dans le Maine, aujourd'hui la Sarthe, entre Mamers et Alençon. C'est une île des terrains primaires de la Bretagne, entourée par les calcaires jurassiques au sud et par les marnes du crétacé au nord ; elle se présente comme une avant-garde des terrains de la Bretagne vers le bassin de Paris. Au centre apparaissent les porphyres feldspathiques dont le soulèvement a relevé les gneiss, les schistes et les grès argileux qui constituent la plus grande partie du sol de la forêt. Celle-ci, couronnant la colline, forme un arc de cercle concave vers le sud et embrasse de ce côté le village de Neuchâtel situé sur le même sol ; ce petit coin de terre rappelle par ses eaux, ses prairies et ses arbres de haies le bocage normand. A partir de cette localité, dont l'altitude est de 150 mètres, la colline de Perseigne s'élève jusqu'à 350, pour s'abaisser immédiatement par son versant nord jusqu'à la plaine de Saint-Aubin, qui fait déjà partie du bocage Percheron. Chacun des deux versants est découpé par plusieurs petites vallées ouvertes dans le terrain primaire ; cependant les marnes du crétacé sont englobées sur quelques points au fond des vallées ouvertes vers le nord, notamment au canton des Marnières dont la fertilité est ainsi tout exceptionnelle. Dans son ensemble le sol de la forêt est néanmoins fertile et excellent pour le chêne et le hêtre, parce qu'il est argileux, divisé et profond. Il faut en excepter quelques parties siliceuses qui se trouvent à l'extrémité orientale. Les pentes sont en général, mais non pas toujours, assez douces et se présentent à toutes les expositions. Dès lors les terrains et les expositions rendent les conditions de la végétation très-diverses ; mais le traitement y a contribué plus encore.

A partir de 1782, cette forêt, remise alors entre les mains de princes apanagistes, a été exploitée d'un côté, vers l'ouest, à tire et aire et par cent vingtième de surface avec réserve de vingt arbres par hectare et recépage des jeunes bois à vingt ans. Il est clair qu'on réalisait ainsi beaucoup de produits, sauf à n'obtenir dans la suite que des bois âgés de cent ans seulement. De l'autre côté, vers l'est et sur 2 800 hectares, le régime du taillis à trente ans a été généralisé. Ce système a été suivi jusqu'en 1828. Il a donné dans les futaies les peuplements les plus irréguliers, et il a dégradé, ruiné même, en certains points, les parties exploitées en taillis qui occupaient précisément les moins bons sols. Depuis lors on a poursuivi l'exploitation des vieilles futaies en travaillant à l'amélioration générale.

Aujourd'hui la forêt de Perseigne est divisée en huit séries dont quatre de futaie ; celles-ci comprennent environ 3 000 hectares. Trois autres séries formées par des taillis sous futaie en conversion occupent 1 200 hectares. La dernière enfin comprend les parties autrefois ruinées, 800 hectares environ. Les exploitations annuelles se composent actuellement de 6 100 mètres cubes de produits principaux, 240 hectares de coupes d'éclaircie et 39 hectares de coupes de taillis ou de jeunes pins. En 1869, le prix de vente des coupes sur pied et des chablis s'est élevé à près de 250 000 francs ; pour avoir le revenu total, il faudrait ajouter à cette somme le produit des éclaircies, qui est fort important dans ces peuplements irréguliers.

L'exploitation de la vieille futaie s'achève, et la révision de l'aménagement doit avoir lieu d'ici à six ans. Il est clair que l'œuvre de restauration demande à être vigoureusement poursuivie, et ici ce n'est point seulement l'économie qui est nécessaire. Dans cette forêt irrégulière, où l'aménagement doit tirer le meilleur parti possible de toutes les ressources disponibles, son application exige le savoir-faire d'un forestier consommé. Or l'avenir des peuplements est souvent incertain, leur état varie parfois du tout au tout après une bonne ou une mauvaise opération culturale ; enfin la désignation de chaque arbre ou perche à exploiter dans une coupe d'éclaircie ne peut être souvent que le résultat d'une appréciation délicate.

Ainsi au canton Chérel, au versant sud, les exploitations portent sur des restes de vieilles futaies en sol argileux très-fertile. Le semis de chêne s'y produit bien, mais c'est grâce à la disposition sombre de la coupe d'ensemencement qui s'oppose au développement d'herbes, de ronces et de genêts ici d'une grande vigueur. Par une coupe plus claire ou par des opérations hâtives, la production du semis de chêne eût été compromise et le semis de hêtre rendu impossible. Un peu plus bas, des semis récemment découverts sont entremêlés de genêts et de bouleaux nombreux. On étêtera les genêts qui étioleraient les jeunes chênes, mais on ménagera quelque temps les bouleaux au couvert léger qui, en dominant les chênes, les protégent contre les gelées printanières très-dangereuses dans ce bas-fond. Plus haut, dans les cantons Croix-Samson et Noues-Biches, une futaie irrégulière assez belle, mais trop riche en hêtre pour qu'on la maintienne longtemps encore, parsemée cependant de jeunes chênes nombreux que les éclaircies devront desserrer assez pour qu'on puisse les réserver dans de bonnes conditions lors de l'exploitation du massif. Près de là, au canton des Trois-Gardes, un perchis très-irrégulier où les bouleaux abondent, où des chênes d'âge moyen réservés autrefois sont distribués par bouquets, dont le sol mal couvert est garni de fougères, et dont l'avenir est fort incertain. Plus loin encore, au canton de Belle-Fontaine, un jeune perchis bien plein, riche d'avenir, formé principalement de chêne et hêtre. Il y a vingt-quatre ans, on eût pu croire le gaulis de ces essences compromis par les bouleaux qui l'encombraient ; mais des nettoiements et une éclaircie prudente les ont fait graduellement disparaître, et l'on ne pourrait se douter aujourd'hui de l'état de choses antérieur si l'on n'avait pas la des-

cription de la parcelle consignée au cahier d'aménagement. Ainsi se succèdent dans les futaies les irrégularités et les difficultés de tous genres ;
mais les parties ruinées et les taillis à convertir en futaie viennent encore
apporter de singulières complications au travail de restauration indispensable dans la forêt de Perseigne.

La plus belle partie de la forêt est sans contredit le canton des Marnières ; mais par son sol marneux, par sa situation dans une plaine basse
et abritée, il forme à vrai dire une exception dans la forêt. Sa vieille et
belle futaie de chêne et de hêtre rappelle les futaies de Bellême ; elle est
cependant moins régulière, les arbres en sont moins uniformes et le massif
a un aspect plus sauvage. Mais les chênes de ce terrain sont appréciés pour
leur qualité, et, bien qu'un peu tendres, ils sont employés par la marine de
l'État. Les réserves du tire et aire y forment des pièces de premières dimensions.

A cette exception près, les produits que l'on tire des bois sont de même
nature et de même qualité ici qu'à Bellême. On y fabrique du merrain de
chêne très-tendre, bien que les accroissements soient parfois d'épaisseur
moyenne, comme au canton Chérel ; c'est que ce bois est léger et n'a
qu'une faible densité. Il y a cependant un produit dont l'abondance est
particulière à la forêt de Perseigne ; ce sont les sabots non-seulement de
hêtre, mais surtout de bouleau. Les tiges entières et les branches même
sont employées à ce débit ; ces dernières donnent des sabots d'enfants.
Ces produits s'écoulent principalement sur Paris et sur Nantes. Leur fabrication donne au bouleau un prix très-élevé ; il se vend jusqu'à 18 francs
le mètre cube en grume. Il est aussi très-estimé ici comme bois de feu, et
se paye comme tel le même prix que le hêtre.

Excursion à Cherbourg et au Havre.

A Cherbourg, les navires en construction au mois d'octobre 1869 étaient
le *Suffren* et le *Bélier*, tous deux en chantier sur leurs cales couvertes. Le
Bélier, garde-côtes cuirassé, est un navire à éperon et de taille relativement faible. Le *Suffren* sera une grande frégate blindée, déplaçant plusieurs milliers de tonneaux et pourvue d'une machine à vapeur d'environ
1 000 chevaux. Si le *Suffren* était construit tout en bois, il emploierait à
peu près autant de mètres cubes de bois qu'il jaugera de tonneaux, soit
quelque chose comme 5 000 mètres cubes de bois équarri. Mais il présente
cette particularité qu'il sera moitié en bois, moitié en fer. La partie inférieure, déjà construite, est en bois, et cette immense coque, formée
d'énormes pièces de chêne, rappelle à l'esprit la nef renversée d'une
grande cathédrale. La partie supérieure des murailles qui sortira de l'eau
sera toute en fer ; les membrures en bois sont prolongées par des membrures
en fer se joignant sans intervalles, reliées d'un bord à l'autre par des baux
en fer et formant là muraille qui portera les plaques de blindage.

On prévoit déjà l'époque où les coques de la plupart des navires seront en fer. Il est fort à désirer que cette substitution s'opère d'une manière définitive et sans compromettre les qualités militaires ni la sûreté des navires. Nos forêts de chêne seraient tout à fait insuffisantes au développement nécessaire de nos flottes de guerre et de commerce; car la consommation générale du chêne ne diminue pas à mesure qu'on lui substitue le fer dans les constructions. Les emplois spéciaux qui lui restent dans les constructions mêmes, tels que les parquets des habitations, le revêtement des ponts des navires, la menuiserie et la confection de pièces diverses, les emplois nouveaux que lui créent les progrès de l'industrie et ceux que développent l'activité croissante du commerce, multiplient les sources de la consommation plus rapidement que la substitution du fer ne peut les tarir. Et malheureusement, à l'inverse de ce qui a lieu pour le fer, dont le prix diminue à mesure qu'il est plus employé et que les procédés de fabrication se perfectionnent, le prix du chêne augmente en même temps que son emploi, parce que sa production reste soumise à des lois naturelles. Qu'arriverait-il si les métaux ne comblaient pas les vides que créent dans nos approvisionnements des besoins sans cesse multipliés? Ce serait la misère enrayant le progrès des sciences et des arts au moment même où l'invention leur a ouvert un horizon sans limites.

L'emploi du bois dans la construction des navires exige, d'autre part, des soins et du temps qu'on peut éviter avec le fer. Pour qu'un bâtiment en bois ait de la durée, il faut qu'il soit construit avec du bois *sec à fond*. Autrefois un vaisseau restait dix ans, vingt ans sur cale; il durait alors vingt, trente, quarante ans et même parfois plus encore. Aujourd'hui l'on veut construire vite; l'emploi du bois vert n'est pas possible, et celui qu'on tire des fosses où il est tout imprégné d'eau ne se conserve pas mieux si on l'enferme incomplétement desséché. Les anciens navires à voiles, qu'on a transformés rapidement en navires à hélice en remplaçant leur arrière, ont conservé saine toute leur vieille coque; mais l'arrière neuf n'a duré que trois ans; il s'est pourri en ce court espace de temps, parce qu'en le construisant vite on y avait employé du bois trop peu sec. On a bien cherché des moyens d'activer la dessiccation du bois; les uns sont inefficaces parce qu'ils ne le dessèchent que d'une manière incomplète, les autres en altèrent les tissus. Jusqu'à présent, on n'a rien trouvé qui équivaille à l'action de l'air libre sur le bois placé dans un hangar pendant un été au moins, pour des sciages de faible épaisseur, et pendant plusieurs années pour de grosses pièces. Les ingénieurs militaires et les constructeurs civils s'accordent à le reconnaître. Les parties du vaisseau où le bois est le plus exposé à s'altérer sont au premier chef les vaigrages de la cale, placés en lieu humide et chaud, puis les parties extérieures qui sont alternativement exposées au soleil et à l'humidité, et enfin les membrures renfermées entre le revêtement extérieur et le revêtement intérieur de la coque. C'est en somme la grande masse du bois employé, et, s'il est mis en œuvre sans avoir été parfaitement desséché, le navire n'a pas de durée.

La qualité du bois influe beaucoup sur sa conservation, mais en second lieu seulement et après le desséchement. Ainsi les bois de chêne mous ou très-tendres, dont la coupe transversale montre des vaisseaux nombreux et bien ouverts sont par là même très-poreux; par leurs vaisseaux capillaires, ces bois absorbent facilement l'air et l'eau; par suite ils sont très-exposés à s'altérer et ils durent peu s'ils ne sont pas employés en lieux secs. Leurs fibres elles-mêmes sont d'ailleurs moins bien lignifiées et moins résistantes. Elles paraissent même privées de la matière gommeuse qui donne au chêne nerveux un bois lustré et semble jouer chez lui le rôle d'antiseptique.

La plupart des bois qui se conservent bien sont pour ainsi dire embaumés par la nature. Les pins sylvestre, maritime et laricio, ainsi que le mélèze, ont une résine abondante qui fait à peu près défaut dans le sapin et l'épicéa; l'orme rouge, comme le chêne, renferme du tannin et une matière spéciale; le teck, dont la durée est telle qu'on le gratifie parfois du nom d'*incorruptible*, doit cette propriété remarquable, dit Schacht, au carbonate de chaux qu'il renferme en abondance et aussi à la silice que contiennent ses tissus. Il a un autre avantage, c'est d'être dépourvu d'acide et sans action sur le fer. Au contraire le chêne, riche en tannin, agit sur le fer en contact; celui-ci, par réaction, le carbonise en lui enlevant l'oxygène qu'il lui faut pour s'oxyder et former un sel. Aussi dans les navires en bois borde-t-on avec du teck les parties sur lesquelles doit être appliquée la cuirasse; dans les navires en fer, on place encore un matelas de teck entre la coque et la cuirasse pour éviter, lors des chocs, les réactions brusques de ces deux murailles de métal.

Le bois de teck, rendu en France, coûte 275 à 300 francs le mètre cube, tandis qu'à Madras et à Rangoon il ne vaut que 75 francs, c'est-à-dire à peu près le même prix que le chêne aux environs de Paris. La France n'en achète guère que 3 000 mètres cubes par an; c'est le dixième environ de la quantité totale que l'Europe en reçoit. Le teck est toujours droit comme le bois d'angélique, qui présente une certaine analogie avec lui. L'angélique a aussi ses gros vaisseaux disséminés et non groupés; il forme, dit-on, un excellent bois de construction pour les wagons comme pour les navires, et il atteint des dimensions que les tecks ne présentent pas. Ainsi l'on voit à Cherbourg des pièces d'angélique de 15 mètres de longueur sur $0^m,60$ d'équarrissage. Néanmoins on a cessé déjà d'en exploiter à la Guyane, d'où l'on en avait tiré une certaine quantité à titre d'essai.

Les bois qui forment l'approvisionnement de l'arsenal de Cherbourg comprennent aujourd'hui environ 50 000 mètres cubes; c'est la quantité nécessaire à la construction d'une dizaine de grands navires, à condition que tous les signaux soient représentés et assortis en proportions convenables. Ces bois sont enfouis à la mare de Tourlaville dans du sable vaseux et humide. Les pièces, au nombre de deux ou trois l'une sur l'autre, sont disposées dans des compartiments nombreux, rapportés sur le plan, simplement indiqués sur le terrain par une fiche, et dont chacun ne renferme que des pièces d'une même espèce. Ainsi telle case affectée aux 2 ET reçoit et donne les étambots de deuxième espèce. Le sol de la mare est au niveau de la haute mer, dont une digue le sépare. Il est nivelé et sillonné par des canaux à portières dans lesquels l'eau se maintient à un niveau constant de 0m,30 au-dessus des pièces enfouies. Ces canaux servent d'ailleurs au transport des bois; ils reçoivent en même temps l'eau d'un ruisseau et celle de la mer. Dans cette eau saumâtre les chênes sont à l'abri des attaques du taret, qui ne vit que dans l'eau de mer. Ils se conservent parfaitement et pour ainsi dire indéfiniment dans ces conditions, comme dans l'eau douce d'ailleurs. Ainsi l'on a extrait récemment du lac de Neufchâtel, en Suisse, des pilotis de chêne dont les tissus non carbonisés présentent simplement la teinte noire et lustrée du chêne qui a séjourné longtemps sous les eaux. Sans avancer, comme on l'a dit, que ces pilotis aient appartenu aux habitations lacustres, il est certain qu'ils étaient sous l'eau depuis un temps immémorial. Des bois de mâture, des pins, sont enfouis aussi à la mare de Tourlaville; ils s'y conservent également. Mais au sortir de l'eau, tous ces bois demandent, avant d'être employés, un temps toujours très-long pour bien se dessécher.

Duhamel a tiré de ses observations et expériences des conclusions pratiques très-remarquables sur le moyen d'obtenir le desséchement des bois de chêne sans les exposer à se fendre. Il établit qu'il faut laisser ces bois sous leur écorce au moins jusqu'à la fin de l'été, les faire équarrir alors après les chaleurs de l'été, les bois équarris ne se fendant pas autant et se desséchant mieux que les bois ronds simplement écorcés, et les laisser se dessécher ainsi en partie déjà pendant l'hiver à l'air et à la pluie qui les lave. Le desséchement doit s'achever ensuite, à partir du printemps, sous un hangar. Ces conclusions généralisées seraient trop absolues. Elles se rapportent spécialement au desséchement des chênes rouvre et pédonculé nerveux, dans le climat déjà doux où la vigne prospère. Mais à cela près il faut reconnaître que c'est le meilleur moyen d'obtenir le desséchement des pièces de chêne sans les avarier.

M. Lenormand, du Havre, que nos voisins les Anglais, experts en fait de marine, considèrent comme le premier constructeur du monde, M. Lenormand est plus affirmatif encore. La dessiccation lente à l'air, à la pluie, des chênes sous écorce est suivant lui le meilleur procédé; l'aubier se pourrit, se vermoule, qu'importe? Le bois parfait se conserve. Des chênes abattus et oubliés pendant plusieurs années dans des taillis en croissance ont donné des bois excellents. A ceci, on doit objecter que ces résultats obtenus dans le nord de la France ne se produiraient pas de même dans le midi. En tout cas, on peut poser comme règle qu'il convient de laisser les chênes un été ou deux sous leur écorce, et de ne les employer que trois ou quatre années après l'équarrissage, soit quatre ou cinq ans après la coupe. C'est, bien entendu, des grosses pièces qu'il s'agit. On constate que les bois lavés par la pluie, ou flottés, se conservent mieux; l'eau a dissous ou entraîné une partie des principes fermentescibles contenus dans leurs tissus. L'hiver est d'ailleurs la bonne saison pour l'abatage; les éléments nutritifs que renferme le bois ne sont point alors en évolution comme en temps de séve, et l'on a moins à craindre leur fermentation. En fait, nos chênes exploités en hiver se conservent très-bien, pourvu qu'ils soient desséchés; et, d'autre part, en Angleterre, où récemment encore on les exploitait en séve afin de les écorcer, les constructeurs s'accordaient à déplorer les résultats de cette pratique.

Les bois d'âge moyen, qui sont plus nerveux que les vieux bois, ont aussi plus de durée. C'est un fait que la pratique des constructions établit comme l'expérience scientifique. Il est facile d'en conclure que, pour obtenir d'excellents bois de chêne avec de fortes dimensions, il faut d'excellents terrains; car c'est là seulement qu'ils se développent en peu de temps. On doit en déduire aussi que, si le bois du pied de l'arbre a l'avantage énorme des dimensions, celui de la cime a le mérite de la solidité. Il faut donc bien se garder de rogner le petit bout des bois de marine; au chantier, leur partie supérieure donne souvent un numéro *bis* et fait une bonne membrure ou d'excellents bordages.

Quant au traitement convenable pour obtenir des chênes solides et sains, des bois de construction durables, il n'est pas possible d'être plus explicite que M. Lenormand. Les chênes les meilleurs, les plus nerveux, les plus durables sont, dit-il, ceux qui ont crû en plein champ, isolés, baignés dans la lumière et soustraits à toute action malfaisante. La marine n'a pas besoin de chênes longs et trouve facilement des bois droits, soit en chêne de France, soit en teck de l'Inde, soit en angélique de la Guyane, soit en autres essences. Mais ce qu'elle recherche, ce qu'il lui faut en grande quantité, ce sont les chênes courbants, même avec leurs nœuds, tels, en un mot, que la nature les fait. Et surtout, ajoute-t-il, qu'on ne les élague pas! Le bois des nœuds est solide et sain, tandis que sous l'écorce recouvrant la plaie faite par l'élagage se trouve la pourriture, une poche ou tout au moins du bois altéré. Ce fait est très-apparent sur des madriers pris dans des chênes élagués; la face sciée en dehors de la partie élaguée se montre nette et saine; la face opposée, taillée dans la section d'élagage, présente au contraire la tache de pourriture que fait ressortir sa teinte noirâtre au milieu du bois clair. C'est un tableau qu'il serait bon de mettre sous les yeux des partisans de l'élagage du chêne. Il suffit à montrer quels désastres ce système, s'il était généralisé, préparerait à l'avenir, malgré tous les palliatifs qu'on puisse apporter au mal.

Les chantiers de construction de M. Lenormand sont aujourd'hui vides et déserts. La cale couverte qui a servi à la construction de *l'Hirondelle*, dont le nom s'y voit encore, reste inoccupée. Le yacht impérial, aux formes élégantes, l'a quittée pour aller se faire gréer à Cherbourg, et aucun navire ne le remplace ici. Espérons que cet état de choses ne durera pas, et que notre France produira longtemps encore des chênes et des vaisseaux dont nous avons le droit d'être fiers, car les uns comme les autres sont les meilleurs du monde entier.

Les Ardennes.

La région des Ardennes commence en France dans l'arrondissement de Rocroy et s'étend au loin vers le nord-est; elle s'élargit et s'élève en Belgique, dans la province de Luxembourg et dans la Prusse rhénane. Elle n'occupe en France qu'une sorte de triangle formant la partie nord du département des Ardennes, de Charleville à Givet; là elle comprend environ 150 000 hectares et constitue, à l'altitude de 400 mètres, un plateau élevé de plus de 250 mètres au-dessus des plaines de Champagne. La Meuse le traverse du sud au nord, dans une vallée de fracture étroite, contournée, profonde. Ce plateau, qui fournit à la Champagne contre les vents froids du nord une protection bien précieuse, est lui-même dépourvu d'abri. Le climat en est rude, le sol plus ingrat encore. Il est formé par des terrains primaires, et composé principalement de schistes ardoisiers dont les couches rocheuses apparaissent redressées et tourmentées le long du cours de la Meuse. Elles sont entremêlées de grès ou de quartzites noirs et sillonnées de minces filons de quartz blanc. La terre végétale, essentiellement argileuse, est due à la désagrégation superficielle de ces schistes indélayables. C'est une terre douce, brune et mélangée de sable provenant des grès durs. Elle a peu de profondeur sur le plateau; néanmoins l'eau y séjourne souvent et donne ainsi naissance à beaucoup de petits marais. Sur les versants nombreux qui descendent à la Meuse, à la Semois, aux ruisseaux, dans tous les plis de terrain, le sol s'assèche bien et il est plus profond, surtout dans les parties inférieures; il y est d'ailleurs abrité. Il y a donc une différence énorme entre la végétation du plateau et celle des versants.

Les plateaux des Ardennes, couverts autrefois de forêts de chênes sur toute leur étendue, qui est de 1 million d'hectares, sont de nos jours en grande partie déboisés. Cependant il reste encore en France, dans les arrondissements de Mézières et de Rocroy, une belle nappe de forêts. La vallée de la Meuse et les premières lignes des plateaux voisins en sont entièrement couvertes. La moitié de ces bois appartient aux particuliers, le surplus aux communes et à l'Etat. Ils sont soumis de temps immémorial à un mode de traitement peu commun, le *sartage*. Ce traitement consiste essentiellement à exploiter en taillis à courte révolution, de dix-huit à vingt-quatre ans, à brûler sur le sol les rémanants de l'exploitation, brindilles, bruyères, etc., puis à cultiver entre les souches pour obtenir une récolte de seigle. Sur les versants, l'écobuage se fait généralement à feu courant; le feu parcourt alors rapidement toute la surface de la coupe, où les menus bois ont été répandus avec soin. Sur les plateaux, dont le sol humide est fréquemment enherbé, l'écobuage se fait souvent, au contraire, à feu couvert, dans de petits fourneaux formés de menus bois et recouverts des mottes du gazon enlevé au préalable.

La culture du seigle donne ainsi d'assez beaux produits, qui anciennement étaient tout à fait indispensables à des populations isolées et privées de terres arables. Actuellement, l'hectare de terrain sarté rend en moyenne :

18 hectolitres de seigle valant, à 12 francs l'un...............	**216 francs.**
Et 3 500 kilogrammes de paille, à 50 francs les 1000 kilog..........	175 —
Au total.....	391 francs.

Les frais peuvent s'établir comme il suit :

1 hectolitre de semence...........................	15 francs.
100 journées de travail pour sartage, récolte et battage, à 2 fr. 50.	250 —
Transport.............................	25 —
Avances et frais généraux............................	30 —
Au total.....	320 francs.

L'hectare à sarter ne se loue donc en moyenne que 70 francs, valeur approximative du produit net que donne la culture agricole à chaque période de vingt ans.

Mais il est un élément des frais de production qui varie de jour en jour et tend à réduire à rien ce bénéfice du sartage. C'est le prix de la journée de travail qui s'élève sans cesse dans la vallée industrielle de la Meuse. Tout individu qui peut gagner 3 fr. 25 par jour à l'usine perd en sartant. Or le prix de la journée de travail est souvent déjà plus élevé dans la vallée. Il ne reste donc que les vieillards, les femmes, les personnes incapables du travail industriel qui aient alors intérêt à sarter, et cela durera peu. Les salaires restant élevés à l'usine s'élèveront aussi à côté d'elle ; d'autre part les ouvriers de l'industrie se multipliant, les incapables deviendront nécessaires à la maison pour les petits travaux ; le sartage s'en ira, et dès aujourd'hui l'on peut dire que sa vraie raison d'être n'est plus qu'une affaire d'habitude. Le besoin de la culture agricole a disparu, le bénéfice du sartage fera de même, et les taillis sartés ne donnent en bois que des produits de second ordre.

Ces taillis, formés de chêne pur, seule essence longévive résistant bien au feu, peuvent donner en moyenne à vingt-quatre ans tout au plus 100 stères de bois, chêne et bouleau, à 5 francs l'un sur pied, soit 500 francs, et cent bottes d'écorce de 25 kilogrammes, ou 2 500 kilogrammes d'écorce à 0 fr. 08 l'un sur le bois, soit 200 francs. C'est en somme un revenu brut de 700 francs par hectare tous les vingt-quatre ans, ou, pour une forêt régulièrement aménagée, un revenu moyen de 30 francs par hectare. Ce chiffre, doublé parfois sur les versants, mais aussi très-réduit sur les plateaux humides, peut facilement s'accroître et dans une large mesure avec un autre mode de traitement.

Abandonnée à l'action de la nature, la forêt des Ardennes redeviendrait bientôt, comme elle était autrefois, une futaie de chêne et hêtre, mélangée de charme dans les vallées, là seulement où le sol est assez riche et le climat assez tempéré pour cette dernière essence. Ce fait est clairement indiqué par la présence de quelques vieux hêtres, charmes et chênes que l'on a respectés sur certains points, par leur développement et par leurs semis naturels qui se montrent dès que le sartage n'a plus lieu, et quelquefois même malgré lui. Le parti le plus sage serait de tendre graduellement à se rapprocher de cet état en aidant l'action naturelle et en tenant compte des besoins du moment.

Dans la plupart des forêts, et notamment dans celles d'une grande étendue, comme les bois communaux de Revin, qui ont 3 600 hectares, comme ceux de Fumay, vastes aussi, toutes les parties ne comportent pas le même traitement. L'aménagement serait donc indispensable tout d'abord. Il aurait pour premier résultat nécessaire l'établissement de chemins, bien tracés qui font trop souvent défaut, ce qui rend les transports extrêmement dispendieux.

Les plateaux humides et si pauvres aujourd'hui pourraient être semés en résineux, pin sylvestre, épicéa, sapin même. Dans vingt-cinq ou trente ans, ils fourniraient des perches que les houillères belges payent 1 fr. 50 pièce. On verrait alors s'il y a lieu de reproduire ces essences ou bien de rétablir sous leur abri la forêt de bois feuillus. En tous cas on devrait conserver de larges lisières destinées à briser les vents.

Sur les versants à sol profond et fertile, on transformerait d'abord les taillis simples en taillis sous futaie. Ceux-ci donneraient bientôt des bois d'œuvre du plus grand prix et en grande quantité, comme le prouve le quart en réserve de Revin, comme la forêt domaniale de Manise en offre un bel exemple. Cette dernière contient 1 088 hectares, mi-partie en plateau, mi-partie en versant. Autrefois soumise au sartage, elle est exploitée depuis peu en taillis sous futaie. Ce régime, appliqué provisoirement en attendant l'aménagement, montre déjà sur le versant qui tombe à la Meuse et que couvrent des chênes modernes nombreux élancés, bien venants, quels résultats peut donner en de pareils cantons l'éducation d'arbres de fortes dimensions. Ces taillis sous futaie seraient maintenus dans l'avenir, ou bien ils serviraient de transition entre les taillis simples et la futaie. Dans vingt-cinq ou trente ans, la question se posera plus simple qu'aujourd'hui, plus nette et plus facile à résoudre, grâce au matériel déjà constitué.

Enfin le sartage peut être conservé provisoirement au moins dans certaines parties. Ce serait de préférence sur les versants à sol peu profond et peu apte à produire de gros chênes, puis encore sur les plateaux non marécageux, soit sur les moins bonnes parties des versants et les meilleures des plateaux. Les unes et les autres conviennent assez bien au sartage, surtout quand elles ne sont pas très-éloignées des villages. Les besoins ou au moins les habitudes des populations seraient ainsi respectés. Nul n'aurait à se plaindre du consentement donné par l'administration municipale. Après une première période de trente à cinquante ans, l'amélioration générale se manifesterait par des faits évidents ; la voie serait ouverte à la transformation progressive des forêts de l'Ardenne française. C'est à l'État à donner l'exemple dans ses forêts. Quant aux communes, celles qui le suivront les premières feront certainement une œuvre utile à elles-mêmes d'abord, puis à toute la région ; car les bons exemples, eux aussi, sont contagieux.

OBSERVATIONS CULTURALES.

Il nous reste maintenant, pour terminer notre rapport, à résumer nos impressions et à exprimer notre opinion sur la culture du chêne. Nous aisserons de côté le taillis simple; nous ne l'avons étudié que dans les Ardennes, où il est soumis à un mode de traitement tout spécial, et nous avons déjà dit que le sartage n'a plus d'autre raison d'être que l'habitude. Nous dirons peu de chose du chêne en taillis composé. Les résultats que donnent les forêts soumises à ce mode de traitement complexe et difficile, si l'on veut en faire une bonne application, varient du tout au tout avec les sols et autres circonstances locales. Il n'a pas fait d'ailleurs l'objet spécial de nos études. Nous nous occuperons surtout de la futaie de chêne, et ce que nous en dirons est le résultat de nos observations dans les forêts du nord, de l'est et de l'ouest de la France jusqu'à la Loire.

Dans cette région, et probablement encore ailleurs, on peut poser en principe la nécessité d'élever le chêne en mélange avec d'autres essences. Ce principe, indiscutable pour nous, n'est du reste contesté par aucun des agents avec lesquels nous nous sommes trouvés en rapport. Tous reconnaissent que le chêne pur ne couvre pas suffisamment le sol, le laisse se détériorer ou se durcir; que, pour éviter la ruine du terrain, on est obligé de maintenir les peuplements très-serrés, et qu'alors les chênes, réduits à une cime étriquée, s'élèvent démesurément en fût, ne prennent pas de diamètre, et fournissent un bois très-tendre, bon pour le sciage mais donnant un mauvais merrain; si l'on cherche au contraire à desserrer les massifs pour obtenir une croissance plus rapide, les chênes se couvrent de branches gourmandes dont le moindre inconvénient est de donner des bois noueux et qui, le plus souvent, amènent le dépérissement prématuré, en ne laissant que des bois viciés.

D'ailleurs la nature ne nous présente pas le chêne à l'état pur dans les forêts. Presque partout où ce fait se rencontre, ce sont les hommes qui, méconnaissant leurs propres intérêts ou procédant à des exploitations vicieuses, ont, volontairement ou non, amené ce fâcheux résultat. Le plus souvent on peut encore assigner l'époque où le fait s'est passé; mais bientôt l'action des forces naturelles tend à rétablir l'équilibre et à ramener les essences spontanées, momentanément disparues, pour peu que, même à distance, il en existe encore quelques porte-graines.

Les essences les plus importantes que nous avons vu spontanément associées au chêne sont le hêtre et le charme, quelquefois ensemble, mais le plus souvent répartis séparément d'après les conditions de sol et de climat. Il n'est pas aisé, dans l'état actuel de nos connaissances, de se fixer sur les exigences précises des essences à cet égard, et souvent on constate l'absence presque complète d'une essence dans des contrées où il semble que tous les éléments lui soient favorables. C'est ainsi que dans la Normandie, le Perche et le Maine où le sol est au moins frais, dont le climat est tempéré, le hêtre est beaucoup plus répandu que le charme; il y a même de grandes forêts, comme celles de Bellême et Perseigne, où l'on rencontre à peine quelques pieds de cette dernière essence. Serait-ce que le charme, tout en craignant les climats chauds, réclame cependant une assez vive lumière et que le climat de l'Ouest est trop brumeux pour lui? Sans vouloir l'affirmer, nous pouvons cependant tirer de ce fait une conséquence pratique très-importante, c'est que toutes les fois que nous trouvons le chêne pur, avant de procéder à un mélange artificiel, il faut toujours rechercher quelles sont les essences spontanées dans la localité. Nous travaillerons alors à coup sûr et, quelles que soient les essences que nous indiquera la nature, nous agirons dans l'intérêt de la consommation, parce que toutes ont une utilité spéciale, et que cette utilité est la plus grande possible dans leur station naturelle.

La nécessité d'avoir le chêne en mélange est tellement reconnue que, là où il est pur, on se garde bien de détruire le sous-bois qui couvre le sol, fût-il formé de végétaux tout à fait secondaires tels que des houx, des fragons, etc. Ces morts-bois ne permettent pas de desserrer les chênes autant que dans un mélange intime, mais ils offrent au moins l'avantage de protéger le terrain. C'est surtout lorsque le climat trop doux cesse d'être favorable au hêtre ou au charme, et que ceux-ci deviennent rares, que ce sous-étage prend de l'importance. Dans les régions que nous avons visitées, le vrai mélange est partout possible et l'on doit venir en aide aux actions naturelles pour le rétablir dans une assez large proportion.

Si, pénétrés de cette idée, tous les agents cherchent à favoriser les essences auxiliaires, nous devons reconnaître que leurs efforts ne sont pas partout couronnés de succès. C'est que la réussite dépend aussi bien des coupes de régénération pour obtenir le mélange, que des coupes d'amélioration pour le maintenir et que, par une pente bien naturelle, nous nous attachons moins aux semis de charme ou de hêtre qu'aux semis de chêne. Or nous sommes convaincus que c'est précisément l'essence auxiliaire qui doit souvent régler la marche des coupes de régénération; si le mélange n'est pas obtenu tout d'abord dans les coupes d'ensemencement, les travaux artificiels que l'on fait ensuite présentent des difficultés presque insurmontables, surtout quand il faut les exécuter sur une grande échelle.

Nous allons essayer d'esquisser, d'après nos propres observations, la manière de procéder aux différentes opérations culturales à pratiquer pour maintenir le mélange ou pour le ramener là où il n'existe plus.

Nous constaterons d'abord que si le chêne peut généralement, et avec avantage, être découvert très-tôt, il peut néanmoins supporter assez longtemps et sans souffrir sensiblement le couvert disséminé des coupes secondaires. L'abri est au contraire nécessaire au hêtre contre les chaleurs jusqu'au moment où il couvre bien son pied et s'oppose ainsi à une trop prompte évaporation de l'humidité du sol. De son côté, le charme est très-faiblement enraciné pendant les premières années et, s'il réclame une certaine lumière, il lui faut en même temps un terrain qui conserve sa fraîcheur pendant l'été et qui soit exempt d'herbes. Il ne craint pas la gelée, mais en revanche le hêtre y est très-sensible, et le chêne lui-même est souvent victime des gelées printanières dans les bas-fonds humides.

Dans ces conditions, si l'on veut obtenir un semis bien mélangé, il est nécessaire de conduire les coupes de régénération prudemment et souvent peut-être, plutôt encore en vue des essences auxiliaires qu'en vue du chêne. En effet, pour avoir soixante et dix à quatre-vingts chênes par hectare au terme de l'exploitabilité, il suffit bien certainement que le semis en présente deux ou trois mille bien répartis sur la surface. Si d'autre part les intervalles doivent être remplis par l'essence auxiliaire, c'est donc celle-ci qu'on doit avoir en quantité considérable dans les semis, et dont il faut assurer le maintien après la germination. On ne peut y arriver que par une coupe d'ensemencement sombre et par des coupes secondaires successives, le chêne dût-il momentanément souffrir de cette marche lente. Agir autrement c'est s'exposer à voir disparaître les essences mélangées et arriver au chêne pur, ce que précisément on veut éviter.

Si l'on opère sous un climat doux, plus favorable au chêne qu'au hêtre ou au charme, c'est surtout alors qu'on doit être prudent dans les coupes secondaires, parce que les semis des essences auxiliaires sont d'autant plus précieux qu'ils sont plus rares, et que les repeuplements artificiels sont plus difficiles à faire réussir.

Il arrive assez fréquemment que, sous le massif élevé de la vieille futaie, le sol se trouve déjà couvert de semis avant les coupes de régénération ; tantôt ces semis sont en chêne pur ou à peu près ; tantôt, au contraire, ils sont mélangés chêne et hêtre, et souvent les hêtres dépassent les chênes en formant au-dessus d'eux un fourré plus ou moins épais. Dans le premier cas, c'est le moment de faire quelques plantations hêtre ou charme, selon que l'un ou l'autre est mieux approprié aux conditions locales ; on disposera ces plantations aussi régulièrement que possible, afin de les retrouver facilement et de les dégager de tout ce qui pourrait entraver leur réussite ; on ne devra les découvrir largement par les coupes secondaires que lorsque leur reprise sera assurée.

Dans le second cas, il faut aviser à dégager les chênes sans détruire le mélange. Le moyen le plus certain d'arriver à ce résultat nous paraît être de faire un recepage général du hêtre sous le couvert de la futaie. Bon nombre de souches ne rejetteront pas dans ces conditions, et celles qui rejetteront seront retardées dans leur végétation de manière à permettre au chêne de se remettre. Si celui-ci vient encore à être dominé quand on effectuera les coupes secondaires, il faudra procéder à un nouveau recepage qui, cette fois, ne sera plus que partiel.

Dans toutes les contrées que nous avons visitées, nous croyons que la coupe définitive doit être reculée jusqu'au moment où le semis est arrivé à former le fourré ; même lorsque le fourré est constitué, nous pensons encore qu'il faut attendre qu'il ait dépassé la hauteur habituelle des brouillards partout où on peut craindre les gelées printanières. En effet, tant que le sol n'est pas bien abrité par les jeunes plants, il peut se dessécher pendant l'été ; le terrain peut perdre la fertilité et la mobilité qu'il avait acquises pendant la révolution précédente ; la production à l'hectare, réduite à la production ligneuse du sous-bois, est loin d'être complète, tandis qu'en laissant subsister la coupe secondaire, on y joint la production des réserves dont le couvert disséminé ne peut nuire aux semis, et qui croissent d'autant mieux que rien ne gêne le développement de leurs cimes. Enfin, quand on a à craindre les gelées printanières, l'expérience nous a montré que le meilleur moyen d'en diminuer les effets est encore de retarder la coupe définitive. Pour résumer notre opinion à l'égard de la régénération, nous dirons que la coupe d'ensemencement sombre ne peut presque jamais être omise sans inconvénients graves dans les futaies dont le chêne forme l'essence principale, et nous croyons de plus être très-modérés en ajoutant que dans les conditions les plus favorables, il faut au moins *quinze ans* d'intervalle entre la coupe d'ensemencement et la coupe définitive.

Nous avons pu constater par la manière dont on a généralement appliqué le mode à tire et aire, par les recepages qui ont souvent suivi l'exploitation principale à vingt ou trente ans d'intervalle, par la réduction des révolutions primitives, que la surface occupée par les vieilles futaies exploitables est singulièrement restreinte ; dans trente ou quarante ans d'ici on sera conduit à régénérer des peuplements trop jeunes. Il faut donc se préoccuper sérieusement de la manière dont on pourra, à ce moment, faire face aux besoins toujours croissants de la consommation en bois d'œuvre de fortes dimensions. Le meilleur moyen de combler le déficit est de laisser sur pied, lors des coupes définitives, tous les chênes bien venants qui ne sont pas encore de dimensions suffisantes et qu'on a tout intérêt à laisser grossir. Nous connaissons maints endroits où ces réserves ont été faites, et où de longtemps elles ne gêneront pas le sous-bois ; ce dernier dût-il même en souffrir, ce ne serait point une raison pour n'en pas faire. En effet leur réalisation est bien plus prochaine que celle des semis qu'elles recouvrent ; elles sont donc d'une utilité plus immédiate et pourront être exploitables dans trente, quarante ou cinquante ans, précisément à l'époque où la pénurie se fera nécessairement sentir ; au contraire, les jeunes peuplements ne font défaut nulle part, et ils ne seront exploitables que dans cent cinquante ou deux cents ans. C'est pourquoi nous voudrions voir la réserve des chênes d'avenir prescrite par tous les aménagements. Seulement pour qu'elle soit réellement utile, il faut donner aux arbres certains soins sans lesquels ils ne peuvent que dépérir, et dont l'absence a amené beaucoup de forestiers à croire encore à l'impossibilité de maintenir des arbres isolés. Nous voulons parler de l'émondage des branches gourmandes. Pour qu'un chêne se maintienne à l'état isolé après avoir crû en massif, il est d'abord nécessaire qu'il ait une bonne cime, aussi développée que possible ; il faut ensuite qu'il ait été desserré progressivement. Mais quelle que soit la vigueur de sa cime, aussitôt qu'il reçoit directement la lumière, son fût ne tarde pas à se couvrir de branches gourmandes ; les branches supérieures de la tête dépérissent, meurent et finissent par propager la pourriture jusque dans le tronc de l'arbre. Si un tel résultat ne pouvait être évité, il est évident qu'il ne faudrait pas conserver de chênes destinés à périr et à ne donner que des bois viciés. Mais quand on a soin d'émonder ces branches gourmandes un ou deux ans au plus après leur apparition, de les couper bien rez tronc, et de répéter cette opération une ou deux fois s'il est nécessaire, le chêne prend bientôt une tête largement développée, en même temps que le sous-bois vient peu à peu abriter son tronc et s'opposer à une nouvelle émission de branches. Il suffit pour s'en convaincre de constater ce que sont deve-nues les anciennes réserves du tire et aire ; elles ont traversé sans soins la crise de l'isolement ; quelques-unes ont succombé, mais la plupart ont donné des arbres de toute beauté.

En pratiquant l'émondage, il est important de faire couper rez corps d'une portion vive les branches mortes de quelque importance qui pour-raient se trouver dans la cime ; on amène ainsi un recouvrement de la plaie qui localise l'altération du bois et ne lui permet pas de se propager. Mais, sous aucun prétexte, nous n'admettons qu'on élague des branches vives ; car si, par la taille, on peut obtenir des pièces de formes plus régu-lières, on remplace forcément, par une solution de continuité et un nœud mort plus ou moins altéré, un nœud sain qui n'eût pas déprécié la pièce comme bois de service. Il n'y a lieu à retrancher une branche vive que si elle est cassée de manière à ne pouvoir se maintenir vivante et, alors, il faut la rabattre parfaitement rez tronc en recouvrant la plaie de coaltar. Tous ceux qui emploient le chêne dans les constructions sont unanimes à cet égard, et notre propre expérience vient confirmer leur opinion.

Il n'est peut-être pas inutile de rappeler qu'on doit proscrire l'emploi des crampons en fer pour monter sur les arbres. Chaque coup de crampon, qui déchire l'écorce et atteint l'aubier, est l'origine d'un vice analogue à une frotture, et empêche absolument d'employer en merrain la partie attaquée.

Lorsque la régénération est terminée, et jusqu'au moment des éclaircies périodiques, il est nécessaire, dans les forêts de chêne, de venir débar-rasser les fourrés et les gaulis des essences à croissance rapide, notamment des bois blancs, qui ne tardent pas à dominer les essences précieuses et à menacer leur existence. Ces opérations de nettoiement n'ont pas partout la même urgence, en ce qui concerne les bois blancs, parce que ces essences ne se présentent pas toujours en grand nombre, et qu'elles n'ac-quièrent une grande vigueur que dans les sols riches et sous les climats tempérés ; mais partout dans les forêts mélangées on peut avoir à veiller à ce que le hêtre n'empiète pas sur le chêne, ou à conserver le mélange des essences auxiliaires lorsqu'elles sont peu nombreuses. C'est assez dire que les nettoiements peuvent porter sur toutes les essences, même sur le chêne. Un point important de ces opérations consiste à faire disparaître les cepées qui peuvent se présenter sur de vieilles souches ; elles n'ont aucun avenir et au début elles poussent rapidement, s'étalent et détruisent tout autour d'elles. Le mode d'exécution des nettoiements nous paraît en gé-néral devoir être l'étêtement qui, tout en découvrant les cimes des sujets à conserver, maintient le fourré aussi plein que possible par le bas.

Parmi les arbres à croissance rapide, le bouleau nous semble bien

moins dangereux que les autres, en raison du couvert très-léger que donnent ses feuilles à limbe vertical. Il peut même dans certains cas être plus
utile que nuisible : c'est lorsque la coupe définitive a été faite trop tôt, et
qu'il ne forme pas un sur-étage complet. On procède alors à son extraction
graduelle ; on peut encore agir de cette façon lorsque le bouleau atteint
jeune un prix élevé, comme en Normandie, dans le Maine, le Perche, etc.;
l'utilité de ses produits compense largement le léger retard apporté à la
végétation des autres essences.

Nous devons reconnaître que, dans les forêts de chêne visitées par
nous, les éclaircies sont généralement bien entendues, et que partout elles
sont l'objet de soins spéciaux. C'est un point capital du traitement en
futaie si l'on veut retirer du chêne des bois de densité moyenne, propres à
presque tous les emplois. Ce sont en effet des opérations très-délicates,
qui demandent une certaine expérience et qui, mal exécutées, peuvent
donner des résultats désastreux. C'est par les éclaircies qu'on a souvent
amené le chêne à l'état pur ; c'est encore par suite d'éclaircies mal entendues dans le principe que les chênes ont donné des produits de qualité
inférieure dans les futaies mélangées, et qu'on a pu reprocher aux futaies
en général de fournir des bois trop tendres. Nous allons essayer de déduire les règles à suivre des faits que nous avons pu constater.

Dans les forêts où le chêne est pur, on est obligé de maintenir les peuplements serrés pour amener la formation du fût et empêcher l'apparition
des branches gourmandes; mais il faut chercher à obtenir aussitôt que
possible un sous-étage composé d'essences spontanées et protégeant le
sol et le tronc des chênes. Ce sous-étage peut être créé artificiellement
avec le hêtre ou le charme, selon les localités, dès que les chênes sont
à l'état de perchis. Pour éviter une trop grande dépense, on se contentera
du nombre de plants strictement nécessaire pour obtenir, à la régénération suivante, le mélange naturel; puis, dans les éclaircies, on dégagera
peu à peu ces repeuplements en abattant un certain nombre de chênes, ce
qui augmentera constamment la proportion du mélange. — Souvent, à
défaut d'essences précieuses, on trouve le sol garni de morts-bois qui se
sont développés sous le couvert léger du chêne; il faut les garder avec
soin, surtout si les chênes sont déjà âgés et si on ne peut espérer les
remplacer avantageusement par des repeuplements artificiels; ils auront
au moins pour effet de couvrir le sol et permettront même, s'ils sont
assez complets, de desserrer les chênes de façon à développer leurs cimes,
et d'obtenir des bois de qualité moyenne. Mais c'est seulement par
exception qu'on trouve le chêne absolument pur sur de grandes étendues,
et, pour peu que çà et là il y ait un hêtre ou un charme, les semis naturels se produisent de proche en proche, quelquefois à de grandes distances;
le forestier doit alors s'attacher à favoriser ces semis, à les dégager, et les
forces naturelles rétablissent le mélange petit à petit.

Dans les futaies mélangées, si le charme forme l'essence auxiliaire, la
conduite des éclaircies est facile. Le charme, en effet, a une croissance

trop lente pour jamais dominer le chêne, et parvient à une hauteur totale moindre que lui. Il suffit alors de diminuer progressivement le nombre des chênes pour permettre leur développement normal, et arriver au terme de l'exploitabilité avec soixante à quatre-vingts chênes par hectare. C'est la condition la plus heureuse et elle permet d'obtenir des bois bien denses, parfaitement lignifiés et propres à tous les grands emplois. C'est à tort, selon nous, qu'on s'est trop préoccupé de la différence de longévité des deux essences, et c'est une erreur de vouloir régénérer deux fois le charme pendant une révolution de chêne. Nous avons pu constater que, dans la forêt de Tronçais notamment, un nombre de charmes plus considérable que celui nécessaire à l'ensemencement du terrain peut parfaitement vivre une révolution de chêne ; mais il est incontestable que tous ne sauraient arriver à un âge aussi avancé. Toutefois, au lieu de chercher à régénérer régulièrement, et en une seule fois, les charmes vers le milieu de la révolution, il nous paraît préférable de les enlever au fur et à mesure de leur dépérissement. Le peuplement s'éclaircira ainsi par places ; il se produira un semis plus ou moins complet qui arrivera toujours à couvrir suffisamment le sol, et parviendra à une hauteur assez grande pour abriter les fûts des chênes ; tandis qu'en voulant régénérer tout d'un coup, on arriverait fatalement à isoler les chênes pendant longtemps. La forêt de Tronçais offre également, dans le canton du Pendu, un magnifique exemple de cette régénération progressive.

C'est surtout dans le mélange du chêne avec le hêtre ou avec d'autres essences arrivant à la même hauteur, que l'exécution des éclaircies devient délicate, exige toute l'attention du forestier, et qu'il est important dès le début de les conduire en parfaite connaissance des résultats à obtenir. Il est essentiel, à tous les âges, de dégager la cime du chêne sans cependant isoler son pied. Or on ne peut arriver à ce résultat qu'à la condition de faire tomber les hêtres qui dominent ou menacent de dominer les chênes et de conserver au contraire de préférence ceux qui sont dominés. C'est, en un mot, la continuation des nettoiements portant sur l'essence auxiliaire autour de tous les chênes d'avenir. Mais on conçoit que, pour agir ainsi, il faut avoir commencé dans les peuplements jeunes ; sans cela les pieds dominés de hêtre auraient disparu sous le couvert des hêtres voisins ou ne seraient plus en état de reprendre assez de vigueur. Si l'opération culturale des éclaircies est plus difficile avec le hêtre comme essence auxiliaire, d'un autre côté ce mélange est préférable à celui du charme, tant sous le rapport de la longévité que pour l'utilité des produits livrés à la consommation.

On a quelquefois été tenté, à propos des éclaircies, d'élaguer les branches basses des chênes conservés. Nous croyons que c'est une faute ; cet élagage doit se faire naturellement et résulter de l'état de massif ; le peuplement doit être serré dans la jeunesse, pourvu que les chênes y aient la tête libre, et c'est seulement quand il a atteint sa hauteur de fût qu'on peut le desserrer assez fortement. Nous ajouterons à cet égard qu'il n'y a pas intérêt à pousser à un trop grand allongement du fût ; des troncs de 15 à

16 mètres de longueur sont très-suffisants pour tous les emplois, et on ne peut en obtenir de plus longs qu'aux dépens de la qualité du bois, en maintenant trop longtemps le massif serré.

Nous pensons aussi que, sur toutes les limites, il est avantageux de ne faire que des éclaircies faibles et de laisser aux arbres de lisière toutes leurs branches extérieures, pour empêcher l'introduction du vent sous le massif; autrement on s'expose à voir la couche de feuilles mortes balayée par les vents, et le sol, privé de sa couverture naturelle et immédiate, ne tarde pas à se tasser; il se dessèche, s'appauvrit et ne permet plus qu'une médiocre végétation. C'est pour le même motif qu'il faut conserver tous les arbrisseaux végétant au-dessous des massifs.

Dans l'état actuel de nos forêts, par suite d'anciennes exploitations malheureuses, on ne trouve que trop souvent des parties ruinées là où le chêne formait auparavant de beaux peuplements; le sol y est trop dégradé pour qu'on puisse songer à réintroduire directement cette précieuse essence; c'est ce qu'on voit sur une assez grande échelle dans la forêt d'Orléans et dans la Sologne. On y a introduit, et avec raison selon nous, des pins comme essence transitoire pour refaire le terrain. Dès l'âge d'une quarantaine d'années, sous leur couvert déjà léger, on a fait des semis de chêne; ou bien des glands ont été apportés des parties voisines par les animaux, et on voit apparaître un semis naturel très-suffisant qu'il n'y a plus qu'à découvrir progressivement. Nous ne ferons que deux remarques à cet endroit: c'est d'abord qu'il est parfaitement inutile de laisser vieillir les pins, qu'il y a au contraire tout avantage à rendre promptement la place à la végétation feuillue; c'est ensuite qu'il vaut mieux avoir recours au pin sylvestre qu'au pin maritime qu'on a trop multiplié sur les bords de la Loire.

En effet, ni l'un ni l'autre de ces pins ne se trouve dans sa station naturelle et, comme toujours en pareille circonstance, ils n'ont qu'une longévité restreinte; leur bois y est mal constitué, trop tendre pour donner des produits utiles de grandes dimensions et il se carie avant l'âge; tandis que, coupés vers trente ou quarante ans, ces pins se vendent bien et sont très-recherchés pour la consommation de Paris, où ils s'exportent en grande quantité. Même pour cet emploi, les faits prouvent que le pin sylvestre est préférable et, de plus, il refait mieux le sol; si, dans les vingt premières années, il se laisse un peu dépasser par le pin maritime, il reprend ensuite ses avantages, ce qu'il est facile de vérifier sur deux peuplements contigus de même âge. On a probablement été trompé par une apparence d'économie : la graine de pin maritime coûte beaucoup moins cher que celle de pin sylvestre; mais celle-ci est beaucoup plus petite et un même poids en contient une bien plus grande quantité.

Nous avons déjà parlé de la réintroduction du chêne à la suite de cultures de sarrasin; nous ne rappellerons plus ce fait qu'on pratique en grand dans le domaine impérial de la Motte-Beuvron; nous dirons seulement que c'est avec avantage qu'on y mêle le bouleau; cette essence apparaît même naturellement et doit être protégée jusqu'à ce que des essences auxiliaires plus précieuses viennent la remplacer.

Bien que n'ayant pas étudié spécialement le traitement du chêne en taillis composé, nous l'avons vu appliquer dans la forêt d'Orléans, actuellement en voie de conversion en futaie, et nous pensons utile d'énoncer notre opinion sur le balivage à suivre, tant dans le cas d'une conversion que dans l'hypothèse où le taillis composé doit être conservé.

Deux systèmes sont en présence sur la question du balivage : le système fixé par l'article 70 de l'ordonnance réglementaire du Code forestier, qui, en définitive, est *obligatoire* pour toutes les forêts soumises au régime forestier quand il n'y a pas été dérogé par un aménagement formel ; — le système proposé par presque tous les auteurs français ou allemands et qui veut que la réserve couvre au plus le *tiers* de la surface du terrain immédiatement avant l'exploitation. Aucun de ces systèmes n'est irréprochable, mais nous croyons que celui de l'article 70 se rapproche beaucoup plus de la vérité.

Il est incontestable qu'aujourd'hui le bois d'œuvre est infiniment plus précieux que le bois de feu ; il est également constant que notre production en bois de feu est très-suffisante, tandis qu'un déficit de plus en plus considérable se fait sentir sur le bois d'œuvre. Dans ces conditions, il est au moins étrange de n'attribuer à la réserve des taillis qu'*un tiers* de la surface, quand on donne les *deux tiers* au sous-bois ; et si on réfléchit que la réserve doit être constituée surtout en chêne dont le couvert est léger, que les essences à couvert épais, excepté l'orme champêtre, ne doivent y entrer que pour assurer le remplacement des souches par des brins de semence dans le sous-bois, et doivent disparaître quand ce but est atteint, c'est-à-dire quand elles sont arrivées à l'âge de fertilité, rien ne peut plus justifier le système des auteurs.

L'ordonnance de 1827, et avant elle l'ordonnance de 1669 le faisait déjà, ne s'occupe nullement de la surface attribuée aux arbres de futaie ; toutes les deux prescrivent la réserve, à chaque exploitation, d'un nombre déterminé de baliveaux de l'âge et, en outre, la conservation de tous les baliveaux modernes et anciens jusqu'à leur dépérissement. Il est très-remarquable, contrairement aux idées doctrinales, de voir le législateur se préoccuper avant tout de la production des bois d'œuvre ; cette pensée ressort à chaque mot, principalement dans l'ordonnance de 1669, et nous devons reconnaître que les taillis où on a suivi l'esprit de ces prescriptions sont les plus beaux et les plus riches ; que le sous-bois, pour être constitué en grande partie par des brins de semence, n'en existe pas moins et fournit plus de ressources au balivage. Nous avons pu le constater nous-mêmes et M. Becquet le fait victorieusement ressortir dans son *Mémoire sur la conversion des taillis en futaie*, p. 24 à 28. C'est le seul moyen d'empêcher les essences inférieures de déposséder le chêne ; on pourra juger de son importance en réfléchissant que, sur les 3 300 000 hectares de forêts soumises au régime forestier, 1 700 000 hectares sont encore traités en taillis, et qu'on ne peut prévoir le moment où les 100.000 hectares de forêts communales soumises à ce mode de traitement pourront être convertis en futaie. Du mode de balivage suivi dépendra l'approvisionnement du pays en bois d'œuvre, la richesse ou la ruine de nos forêts ; car il ne faut pas oublier que les critiques les plus amères contre le taillis composé ont été formulées depuis environ le commencement de ce siècle, c'est-à-dire depuis le moment où, précisément dans la pratique, on s'est écarté de l'esprit des anciennes ordonnances (1).

Nous avons dit cependant que les prescriptions de l'article 70 n'étaient pas irréprochables ; nous en ferons deux critiques. La première se rapporte au premier paragraphe dans lequel nous voudrions voir le nombre de cinquante baliveaux de l'âge clairement indiqué comme un minimum (c'est interprété ainsi dans la pratique) ; nous voudrions notamment qu'il fût prescrit de conserver tous les brins de chêne bien venants, quel que fût leur nombre. La seconde a trait au second paragraphe dans lequel le législateur n'a pas distingué entre le chêne et les essences à couvert épais dont la présence dans la réserve ne se justifie que par la nécessité de les maintenir par la semence dans le sous-bois. Ces dernières devraient disparaître quand les semis existent ou quand elles font obstacle au développement régulier de chênes trop rapprochés. Mais il est facile de parer à ces inconvénients par des propositions motivées d'aménagement.

Lorsqu'il s'agit de convertir des taillis en futaie, on a encore à continuer temporairement l'exploitation en taillis sur certains points. Il est incontestable qu'on ne saurait y faire une réserve trop nombreuse, puisque c'est surtout d'elle qu'on peut attendre la régénération par la semence. Pour le même motif, il faudra bien se garder dans les coupes d'éclaircie d'enlever les modernes et les anciens capables de vivre encore au moins une période.

---

(1) Il n'est pas sans intérêt de rechercher les résultats que pourrait donner dans un avenir prochain une réserve nombreuse en chênes anciens.

Nos taillis composés soumis au régime forestier, y compris, bien entendu, les parties déjà en conversion de futaie qu'on exploite encore en taillis sur moitié de leur surface au moins, occupent 1 700 000 hectares ; admettons que 1 200 000 seulement soient aptes à produire des chênes de fortes dimensions. Chaque année on en exploite environ la trentième partie. Qu'on y réserve en plus qu'auparavant par hectare un seul chêne ancien de 0m,50 à 0m,60 de diamètre ; au bout de trente ans on aura chaque année à exploiter 40 000 chênes en plus. A 0m,70 de diamètre en moyenne et 8 mètres de hauteur en bois d'œuvre, ils donneront 100 000 mètres cubes et, au prix actuel de 60 francs le mètre cube, une valeur de 6 millions de francs.

Pour arriver à ce résultat, il aura suffi d'épargner chaque année 40 000 arbres d'un volume total de 60 000 mètres cubes et d'une valeur de 2 à 3 millions de francs. Ce serait là de l'argent bien placé, même dans cette hypothèse où, contrairement aux faits acquis, la valeur des gros bois cesserait d'augmenter. D'ailleurs cette réserve est encore opportune tant que nous pouvons trouver à l'étranger des bois de chêne disponibles.

Maintenant si, au lieu d'un chêne ancien par hectare, c'est cinq, par exemple, qu'il est possible de conserver en plus que par le passé, nous y trouvons le moyen facile et sûr d'augmenter beaucoup la production du bois d'œuvre dans nos forêts. Dans trente ans ce serait un supplément annuel de 200 000 mètres cubes de gros chênes, c'est-à-dire le cinquième environ de la quantité consommée aujourd'hui en France.

Mais il est un point capital dont on ne doit jamais s'écarter : c'est de conserver, lors de la coupe définitive, tous les chênes vigoureux qui ne sont pas encore arrivés à maturité. Ces arbres étaient destinés à subvenir, à chaque révolution, aux besoins des générations successives; les exploiter maintenant, sous prétexte d'avoir des peuplements uniformes, c'est gaspiller une richesse qui n'appartient pas à la génération actuelle et qui ne peut lui donner que des produits de dernière qualité; c'est frustrer ceux qui nous succéderont d'un bien légitime qu'ils ne pourront se procurer à aucun prix; c'est sacrifier des produits d'une utilité prochaine, et par conséquent plus précieuse, à des produits réalisables dans cent cinquante ou deux cents ans seulement. Il eût souvent mieux valu ne pas faire de conversion et conserver, en l'améliorant, le taillis composé.

G. BAGNERIS et C. BROILLIARD.

Nancy, février 1870.

Paris. — Typographie A. HENNUYER, rue du Boulevard, 7.

www.ingramcontent.com/pod-product-compliance
Lightning Source LLC
Chambersburg PA
CBHW071348200326
41520CB00013B/3142